身近な自然でふるさと学習 ①

日本の自然
豊かな生命あふれる地

[監修・著]
東京農業大学客員教授・理学博士
守山 弘

小峰書店

もくじ

● 若いきみたちへの少し長い手紙
「楽しい ふるさと学習」を始めよう！　　3

第1章 生き物が多い日本列島
① 海とつながる日本の気候　　6
② 海が豊かにしてきた日本の動物　　8
③ 海が陸地の生き物を少なくした地域　　10

第2章 日本の生き物の歴史
① 数億年前の生き物　　14
② 数千万年前からの生き物　　15
③ 数百万年前からの生き物　　16
④ 数十万年前からの生き物　　18
⑤ 十数万年前～数万年前の生き物　　20

第3章 人と生き物とのかかわり
① 焼き畑が守った春植物　　22
② 牧草地や放牧地が守った生き物　　24
③ 田んぼやため池が守った生き物　　26
④ 低地の田んぼが守った生き物　　28
⑤ 河川工事と新田開発が守った生き物　　30

第4章 物質の移動と環境の関係
① 山、川、海の関係と生き物　　32
② 魚による物質の移動　　34
③ 農家のくらしと環境との関係　　36
④ 漁師さんが進めている新しい物質の移動　　38

第5章 環境と人間の今までとこれから
① 変化する環境と生き物　　40
② 環境を守ろうとする動き　　42

第6章 ふるさと学習の進め方
自然のさまざまな姿を学ぼう　　44

全巻さくいん　　48

若いきみたちへの少し長い手紙

「楽しい ふるさと学習」を始めよう！

東京農業大学客員教授
理学博士　守山　弘

　るさとって何だろう？

　きみたちは「ふるさとはどこですか」と聞かれたとき、何と答えますか？

　農村や漁村に住んでいる人、あるいはお父さんかお母さんが農村や漁村の出身で、そこにおじいさんやおばあさんが住んでいるという人は、そこがふるさとだというでしょう。

　でも、お父さんやお母さんが都会育ちの人で、自分も都会に住んでいる人は、何と答えてよいか困ってしまうでしょう。それは、ふるさとといったときに、「なつかしい場所」「遠くにあって思うもの、といった場所」という考えが頭のすみにあるからではないでしょうか。

　そこで、お父さんやお母さんに「ふるさとはどこですか」と聞いてみましょう。

　自分が生まれ育った場所を、「そこがふるさとです」と自信をもっていってくれたら、その人はそこで育ったことに自信をもっているにちがいありません。そして、一人前のおとなに育ててくれた場所であるという感謝の気持ちがあるにちがいありません。

　そうです。ふるさととは**自分が育った場所、自分を育ててくれた場所**だということなのです。だから、きみたちにとってふるさととは、今きみたちが生活し育っている場所であり、きみたちを育ててくれている場所のことなのです。そして、そこで育っていることに自信と感謝の気持ちがあるならば、そこはもうりっぱなふるさとだということになります。

　きみたちを育ててくれるもの、それは**地域の宝物**です。地域の宝物を探し、宝物を見つけていく道すじ（過程）のなかで、きみたちは地域に育てられていくのです。

ふるさとの宝物って何だろう？

◆ 第一の宝物はふるさとの自然です。

ふるさとには自然がいっぱいあります。

日本は雨がたくさん降り、水にめぐまれている国です。そして四季がはっきりしている世界でもめずらしい国です。そのわけは地球の中の日本の位置と深い関係があります。そして日本が海で囲まれていることとも深く関係します。

日本は世界でも有数の**生き物が豊かな国**です。地域によって生き物の種類がちがい、そのことが日本の生き物を豊かにしています。そのわけも日本の位置や、海で囲まれていることと関係があります。

このことは第1章でくわしく説明します。

◆ 第二の宝物はふるさとの自然の歴史です。

人には人の歴史があるように、生き物や自然にも歴史があります。そして時代をさかのぼっていくと自然がさまざまな姿に移り変わってきたことがわかります。

日本人の歴史は、文字で書かれているものではせいぜい2000年、遺跡からは2万年ほど前までしかさかのぼることができないのに、**日本の生き物や自然の歴史**は、少なくても**数億年前**までさかのぼることができます。しかもその移り変わりはとても変化に富んだもので、この移り変わりが日本の生き物を豊かにしてきたのです。

これは第2章でくわしく説明しましょう。

2巻 海

3巻 干潟

4巻 川

◆ **第三の宝物は人と自然のかかわりの歴史です。**

　きみたちの地域の自然は、田んぼでも、畑でも、林でも、人がつくってきた自然です。そして海や干潟や川など、人がつくってきたようには見えない自然でも、**多くの人がかかわってきた歴史**があります。

　地域の歴史について書かれた本を見ると、どの地域にも、とてもすばらしい人がいたことがわかります。また歴史の本に書かれていないたくさんの人も、すばらしい環境をつくってきたことがわかります。こうしたたくさんの人びとがきみたちの地域をつくってきたのです。

　これは第3章でくわしく説明しましょう。

　ところできみたちが住んでいる場所が、今は都市になっていて自然がほとんど残っていない地域でも、少し前までは自然がいっぱいありました。そして、そこでは人と生き物は助け合いながらくらしていました。

　この**人と生き物のかかわりの歴史**も、きみたちの地域がもつ宝物です。しかも都市化などによってなくしてしまった宝物でも、きみたちの努力しだいで取りもどすこともできるのです。

5巻 田んぼ

6巻 里山

7巻 畑

さあ、ふるさとの自然にもっと親しもう！そしてもっと研究しよう！

第1章 生き物が多い日本列島

❶ 海とつながる日本の気候

日本は四季がはっきりした、世界でも数少ない国だ。そして、雨が多い国でもある。これは日本がまわりを大きな海で囲まれているからだ。

四季がはっきりした国

日本の四季がはっきりしているのは、日本列島が中緯度にあり、また**東南に太平洋、北西に大陸がある**からです。

夏、太陽は赤道より北を回ります。すると大陸は温められ、空気は軽くなり上昇します。でも海の水は陸地ほどは温かくならないので、海上の空気は重いままです。

そこで重い空気は南の海から大陸に向かってふき出し、わたしたちは**南太平洋の島じまと同じ気候**の中でくらすことになります。

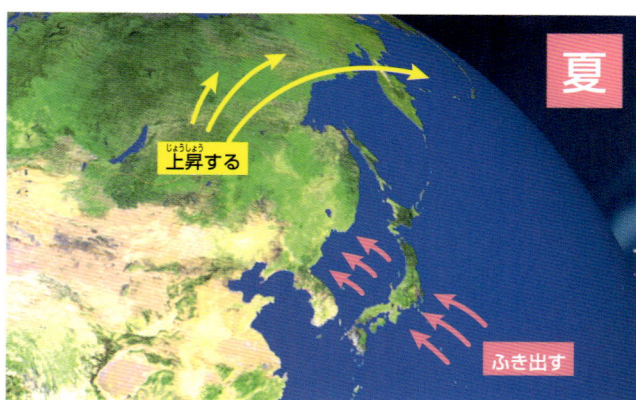

冬、太陽が南半球に移動するので大陸は冷え、空気も冷やされて重くなります。でも海の水はそれほど冷えないので、海上の空気は重くはなりません。そこで大陸から重い空気が北風となって日本にふきこみ、わたしたちは寒さにふるえます。この気候が、**日本にさまざまな植物を生育させています。**

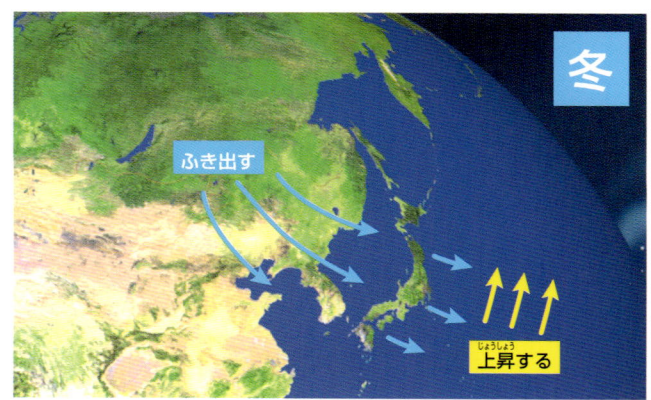

雨が多く、森が育ちやすい国

世界で日本と同じ緯度の地域に降る雨は、平均して1年間に800mm（陸地だけだと平均600mm）ほどです。でも日本には、その倍以上の1700mmも降ります。だから、**どこにでも森が育つ環境**です。これも日本のまわりに海があり、いつでも水分が供給されるからです。

↓森に降る雨。この雨が日本の森を育ててきた。

植物の生える場所と気温

植物の生育を決めるのは暖かさです。月の平均気温が5℃より高い月について、5℃との差（月の平均気温−5℃）を求め、たしていきます。その合計値が暖かさの指数です。どんな植物が生えるかは、その場所の暖かさの指数によって決まります。

下の図は、植物のようすから見た日本の気候帯をあらわしたものだ。学校などで学習する気温や降水量などをもとにした気候区分とは少しちがっているね。

やってみよう！ きみの住む町の「暖かさの指数」計算

『理科年表』という本に、日本のおもな都市の月平均気温（気温の月別平年値）が出ている。それを利用して、きみの住む町の暖かさの指数を計算しよう。下の例を参考にしてね。

東京の場合　『理科年表』

月	1	2	3	4	5	6	7	8	9	10	11	12
平均気温	5.8	6.1	8.9	14.4	18.7	21.8	25.4	27.1	23.5	18.2	13.0	8.4
5℃との差	0.8	1.1	3.9	9.4	13.7	16.8	20.4	22.1	18.5	13.2	8.0	3.4

合計 131.3

暖かさの指数=131.3℃=暖温帯（下の図から判断しよう。）

植物のようすから見た 日本の気候帯

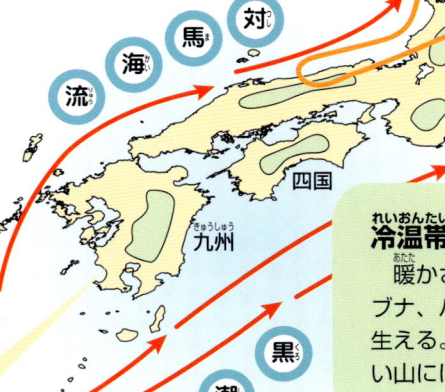

亜寒帯
エゾマツ、トドマツが中心の針葉樹林が生える地域で、暖かさの指数が15℃～45℃の範囲にあたる。この地域に生える植物は寒さには強いが暑さには弱い。

日本海側（スノーベルト）
対馬暖流から上る水蒸気がシベリアからふく北風に冷やされ、多くの雪を降らせる。植物のようすも、ほかの地域とは異なる。
＊雪の多い地域の植物の特色は、6巻『里山』13ページを見よう。

暖温帯
暖かさの指数が85℃～180℃の地域で、カシ類、シイ、ヤブツバキ、タブノキなどの常緑広葉樹林が生える。これらの植物は冬が寒いと育たない。この地域は黒潮の影響で冬の気温があまり下がらない。

冷温帯
暖かさの指数が45℃～85℃の地域で、ミズナラ、ブナ、ハルニレなどの暑さが苦手な落葉広葉樹が生える。平地で常緑広葉樹が生える地域でも、高い山には冷温帯の落葉広葉樹林が育つ。

亜熱帯
暖かさの指数が180℃～240℃の地域で、ガジュマル、ヒルギ（マングローブ）類、アダンなどが生える。これらの亜熱帯林は冬の寒さにとても弱く、冬の気温が下がらない奄美大島以南に生える。

気候区分	暖かさの指数
亜寒帯	15～45℃
冷温帯	45～85℃
暖温帯	85～180℃
亜熱帯	180～240℃
日本海側（スノーベルト）	

❷ 海が豊かにしてきた日本の動物

海は気候に影響をあたえて日本の植物の種類を豊かにしただけでなく、大陸との間にあって、陸地の動物の種類を豊かにする働きもしてきた。

地域によってちがう動物の種類

日本列島は海に囲まれているので、大陸とつながったり切りはなされたりした歴史をもっています。1000万年前ごろの日本（15ページの地図）は朝鮮半島から切りはなされていましたが、南西諸島はつながっていました。いっぽう500万年前ごろには下の地図のように大陸とつながり、南西諸島は島になりました。

大陸とつながると、大陸で進化した新しい種の生き物が入ってきて、それまでの日本にいた古い種と入れかわります。ところが、大陸とつながる期間が短いと新しい種が入ることが少ないので、古い種は生き残ることになります。

古い種の多くは、大陸では、新しく出てきた種との競争にやぶれて絶滅しています。そこで、生き残った古い種は、その地域だけの固有種になります。

南西諸島には古い時代の生き残りがたくさんいます。大陸から切りはなされた期間が長いからです。本州、四国、九州に固有種がいるのも、島であった期間が長かったからです。

こうした歴史を反映し、動物の種類は地域でちがっているので、日本では種の数が多くなっています。

500万年前ごろの日本列島

現在の海岸線
日本列島
朝鮮半島
海だったところ
南西諸島
陸地だったところ

（『アニマ（1986）：昭和61年6月号特集―沖縄の自然と動物』をもとに作成）

奄美大島以南の島じまにすむ動物の特色

奄美大島以南の島じまでは、セマルハコガメ、キノボリトカゲ、コノハチョウなど、東南アジアと共通する生き物のほかに、ここだけにしかいない固有種がたくさんすんでいます。それらは、アマミノクロウサギ、ルリカケス、ヤンバルクイナ、イボイモリ、イリオモテヤマネコなどです。

ヤマネ
ヒミズ
ヒメヒミズ
ルリカケス
イボイモリ
イリオモテヤマネコ
アマミノクロウサギ
九州
南西諸島
奄美大島
ヤンバルクイナ

北海道にすむ動物の特色

シベリアと共通する種類が多くすんでいます。ほ乳類ではヒグマ、クロテン、ナキウサギ、ユキウサギ、エゾリス、シマリス、エゾモモンガなど、鳥類ではヤマゲラ、シマフクロウ、エゾライチョウ、は虫類・両生類ではコモチカナヘビ、エゾアカガエル、キタサンショウウオなどです。

これらの動物は、氷期に陸つづきになったサハリンから渡ってきたものたちです。でも津軽海峡は深くて陸地になりませんでした。そのため本州以南には渡っていません。

本州、四国、九州にすむ動物の特色

本州以南には、日本だけにすんでいる種（日本の固有種）が多く見られます。そのなかには、ヤマネ、ヒメヒミズ、ヒミズのように、外国には近い種類（属）がいないものもあります。

またアジア大陸南部に、よくにた別の種類がすんでいるものもいます。それらは、ほ乳類ではニホンザル、ホンドリス、ホンシュウモモンガ、カゲネズミ、スミスネズミ、ミズラモグラ、カモシカなど、は虫類・両生類ではイシガメ、シロマダラ、カジカガエル、タゴガエル、モリアオガエル、シュレーゲルアオガエルなどです。

さらにアジア大陸にすむ種と亜種*の関係になっているものもすんでいます。それらは、ツキノワグマ、カワネズミ、ムササビ、キジなどです。

小笠原諸島にすむ動物の特色

陸の生き物は固有種が多く、ほ乳類ではオガサワラオオコウモリなど2種のコウモリ、鳥類ではメグロ、オガサワラカラスバトなど9種、は虫類ではオガサワラヤモリとオガサワラトカゲの2種がすんでいて、両生類はいません。

小笠原諸島は陸地とつながったことがない島なので、空を飛べるコウモリや鳥、流木に乗って海を渡れるは虫類しかすんでいません。

島の生き物は環境の変化や外来種との競争に弱く、この中には絶滅した種が多くいます。

＊亜種＝同じ種類だが、形や遺伝子が少しちがっているグループをさす。海ができるなどして行き来ができなくなり、交わらなくなってから長い時間がたっている証拠だ。

③ 海が陸地の生き物を少なくした地域

長い地球の歴史の中で、いく度となく気候が変動し、氷期も何度かおとずれた。この氷期が、ヨーロッパの生き物の分布に大きな影響をあたえた。

氷期に氷河がおおった場所

最後の氷期である**ウルム氷期**には、北アメリカでは五大湖の南まで、ヨーロッパでは北フランスまでが氷河でおおわれました。

また氷河ができるところでは、まわりは広い範囲にわたって地面は夏もこおったままになります。これが永久凍土（ツンドラ）で、木は根を張れないので育ちません。こんな環境が南ヨーロッパを広くおおいました。

日本では氷期に氷河におおわれた場所は高い山の一部などわずかで、ツンドラになったのは北海道だけでした。

アフリカににげたヨーロッパの生き物

氷河をつくる雪は、海水が蒸発してできます。だから氷河がふえると海水がへり、海水面が下がります。今から2万年ほど前、ウルム氷期でもっとも寒くなったとき、海水面はヨーロッパ

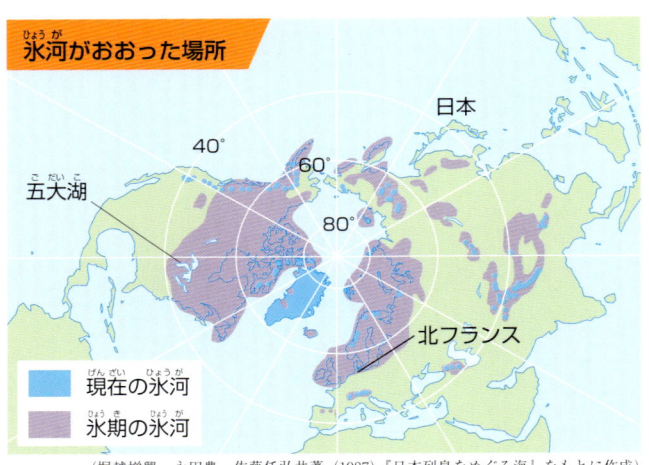

氷河がおおった場所
（堀越増興・永田豊・佐藤任弘共著（1987）『日本列島をめぐる海』をもとに作成）

アフリカと陸つづきになったヨーロッパ

豆知識　氷期がおこるわけ

地球は太陽のまわりを回っていますが、そのとき、地球がかたむいたり、太陽からの距離が遠くなることがあります。それらがほぼ10万年に1回の割合で同時におこり、日射量が大きくへるときがきます。

このとき、冬は今よりもっと寒くなり、万年雪がふえます。雪は太陽光を反射するので、万年雪でおおわれた場所は夏でも冷えたままです。すると万年雪はもっとふえ、氷河になります。こうして地球は冷えていき、氷期になるのです。

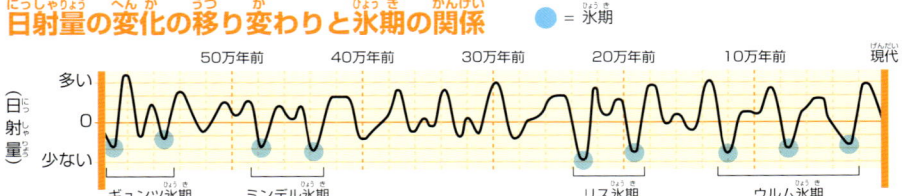

日射量の変化の移り変わりと氷期の関係　● = 氷期

地球のかたむきなどから日射量を計算したグラフ。
日射量が大きくへったときと氷期が重なっていることがわかる。

（堀越増興・永田豊・佐藤任弘共著（1987）『日本列島をめぐる海』をもとに作成）

＊氷期＝氷河期ともいう。

とアフリカが陸つづきになるほど下がりました。そこで多くの生き物は寒さをさけ、アフリカににげました。

氷期が終わって暖かくなると、氷河の氷がとけて海水がふえ、ヨーロッパとアフリカの間に地中海ができました。多くの生き物がヨーロッパにもどろうとしたとき、地中海は生き物の北上をじゃましました。そのため**ヨーロッパには生き物の種類が少ない**のです。

いっぽう、日本は氷河の影響をあまりうけなかったので、多くの生き物が生き残りました。それで**日本は生き物の種類が多い**のです。このことは、次の二つの例からよくわかります。

ヨーロッパと日本のトンボの種類数の差

トンボの種類をくらべると、日本には180種いるのに、ヨーロッパ全土でも114種しかすんでいません。イギリスとアイルランドのトンボは58種ですが、日本では、たとえば静岡県磐田市にある桶ヶ谷沼だけでも64種のトンボがすんでいるのです。

高等植物の種類数の差

高等植物（シダ植物、裸子植物、被子植物）の種類数をみても、日本には3857種あるのに、イギリスとアイルランドでは約1500種しかありません。

↑イギリスにすむヒロバラトンボ。

↑桶ヶ谷沼にすむベッコウトンボ（左）とチョウトンボ（右）。ベッコウトンボは、日本ではこの桶ヶ谷沼など2、3か所にしかいない。

桶ヶ谷沼には絶滅のおそれのあるベッコウトンボというトンボがすみ、絶滅のおそれのあるオニバスという植物も生えているよ。

←静岡県磐田市の桶ヶ谷沼。この沼は、トンボをはじめ、たくさんの貴重な生き物が生息していて、静岡県の自然環境保全地域に指定されている。

↓桶ヶ谷沼に生えているオニバス。

↑1年にわずか数mという速度で流れるヨーロッパアルプスの氷河（スイス中南部のアレッチ氷河）。

氷河が動き出す理由

氷河とは雪が毎年積み重なっていき、重みで下から氷になり、**低いほうへとゆっくり流れ下るようになったもの**です。現在、氷河はアラスカ（北アメリカ大陸北部）など、夏がきても雪がとけない場所で見ることができます。

氷河が流れ出す理由は、スケートと同じです。

体重30kgのきみが、はば1mm、長さ20cmの刃のついたスケートぐつをはいて両足で氷の上に立ちます。

すると刃にかかる重さは、1㎡に直すと75トンにもなります。これは高さ75mの氷の柱と同じ重さです。氷河はもっと厚いので、地面に接した氷にはもっと力がかかっています。

氷は大きな力が加わると小さくなろうとして、体積が小さい水に変化します。スケートの刃の下の氷も、地面にふれている氷河の氷も、水に変化してしまいます。そこで氷河は、きみがスケートぐつをはいたときのように、こおった地面の上をすべり出すのです。

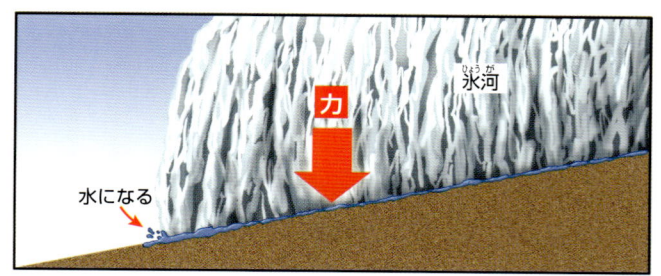

⬆ヨーロッパアルプスの山やまのするどくとがった峰とU字形の谷（スイス中南部）。左ページの氷河もとけるとこんな谷になる。

氷河がけずったヨーロッパの山

氷河が流れると地面をけずり、するどくとがった峰とU字形の谷をつくります。

ヨーロッパにはこうした山や谷が多く残されていて、氷期には広い範囲が氷河でおおわれていたことがわかります。

雨がけずった日本の山

いっぽう日本の山はなだらかで、谷はV字形をしています。V字形の谷は水にけずられてできた谷です。

日本では、氷期でも氷河におおわれた場所は少なかったのです。

氷河がつくった地形は、日本では本州中央部の日本アルプスや北海道の日高山脈などの高山で見られるよ。

⬅なだらかな日本の山なみ（茨城県の加波山）。

⬇川の水に深くけずられたV字形の谷（東京都奥多摩町）。

第2章 日本の生き物の歴史

① 数億年前の生き物

古い時代、日本列島はまだできていなかった。そのころのようすは化石から知ることができる。

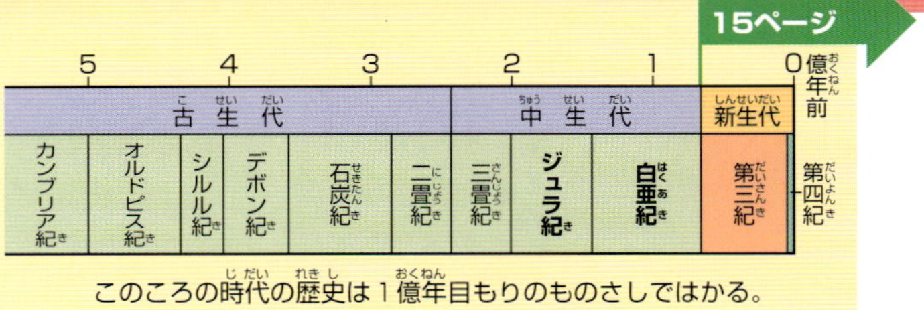

5	4	3	2	1	0 億年前
古生代			中生代		新生代
カンブリア紀 / オルドビス紀 / シルル紀 / デボン紀 / 石炭紀 / 二畳紀			三畳紀 / ジュラ紀 / 白亜紀		第三紀 / 第四紀

このころの時代の歴史は1億年目もりのものさしではかる。

ジュラ紀の中ごろまでの地球

このころ地球の陸地は、**パンゲア**という一つの大きな大陸だけだったと考えられています。これは恐竜などの化石を見ると、世界じゅうどこでも同じような種類が見られるからです。

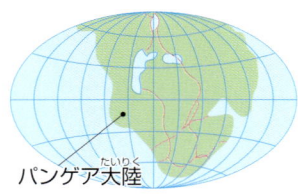
パンゲア大陸

ジュラ紀の終わり〜白亜紀の初めの地球

パンゲア大陸は、北と南の二つの大陸に分かれ始めたと考えられています。これは、このころの恐竜の化石が、北アメリカやユーラシア大陸のものと、南アメリカやアフリカのものとがちがってきているからです。このころ、北では北アメリカやユーラシア大陸がまだはなれていなくて**ローラシア大陸**をつくり、南では南アメリカ、アフリカ、南極、オーストラリアがつながって**ゴンドワナ大陸**をつくっていました。

白亜紀の初めごろの日本

日本はジュラ紀までは海の下にありましたが、白亜紀の初めには陸地になりました。この時代の地層から、シダの仲間、ソテツの仲間、針葉樹の仲間などの陸上植物の化石や、三重県鳥羽市から陸でくらすトバリュウとよばれる恐竜の化石が出ていることからわかりました。

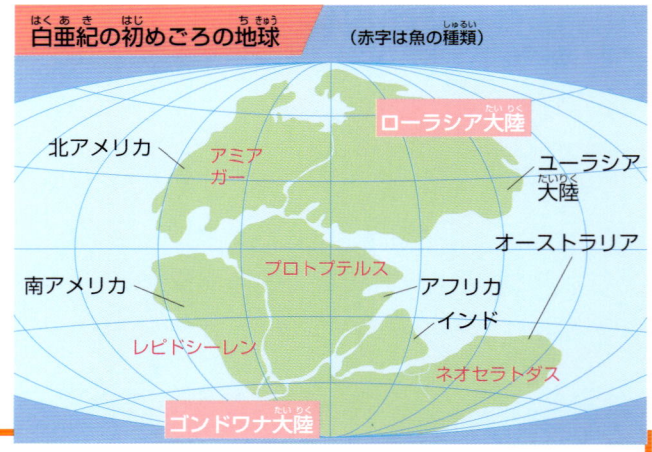
白亜紀の初めごろの地球 （赤字は魚の種類）
ローラシア大陸／ユーラシア大陸／北アメリカ／アミアガー／オーストラリア／南アメリカ／プロトプテルス／アフリカ／インド／レピドシーレン／ネオセラトダス／ゴンドワナ大陸

豆知識 ● 今の魚に見られる二つの大陸の名残り

古代からいる魚である**ハイギョ**の仲間には、南アメリカの**レピドシーレン**、アフリカの**プロトプテルス**、オーストラリアの**ネオセラトダス**の3種類がいます。ハイギョがすむこれら三つの大陸は、白亜紀の初めまではゴンドワナ大陸をつくっていました。ハイギョの仲間は北半球にはいないので、ゴンドワナ大陸の名残りといえます。

いっぽう、ハイギョと同じように古い魚である**アミア**と**ガー**は北アメリカ東部にすんでいますが、南半球にはいません。この仲間の化石は白亜紀の初めのヨーロッパの地層から出ますので、これらはローラシア大陸の名残りといえるでしょう。

↑プロトプテルス（ハイギョの仲間）
↓アミア

（写真提供・鳥羽水族館）

❷ 数千万年前からの生き物

恐竜の時代（中生代）が終わり、ほ乳類の時代（新生代）が始まったのは約6400万年前、日本列島はそのころからでき始めた。

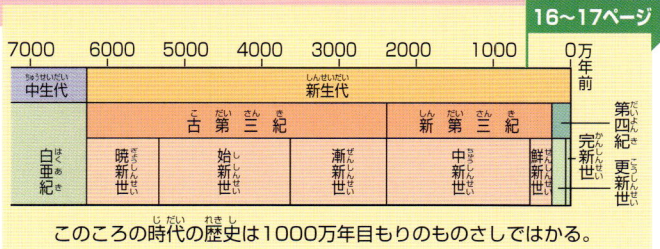

このころの時代の歴史は1000万年目もりのものさしではかる。

大陸が分裂してはなればなれになると、大陸は海底の上にのし上がって動いていくので、大陸のへりはもち上がります。そうした動きによって、大陸のへりだった日本列島は、6000万年前ごろから形ができ始めました。

そのころは恐竜の時代（中生代）が終わり、ほ乳類の時代（新生代）が始まっていました。

3000万年前ごろの生き物

3000万年前ごろの日本の地層から古いブナの仲間の化石が出ます。この種はヨーロッパや北アメリカの化石と同じ種で、日本はまだ大陸の一部でした。

1000万年前ごろの生き物

1000万年前、奄美大島から南の島じまは大陸とつながっていました。奄美大島にすむアマミノクロウサギやイボイモリはこのころ奄美大島に、イリオモテヤマネコは西表島に、それぞれ渡ってきたようです。

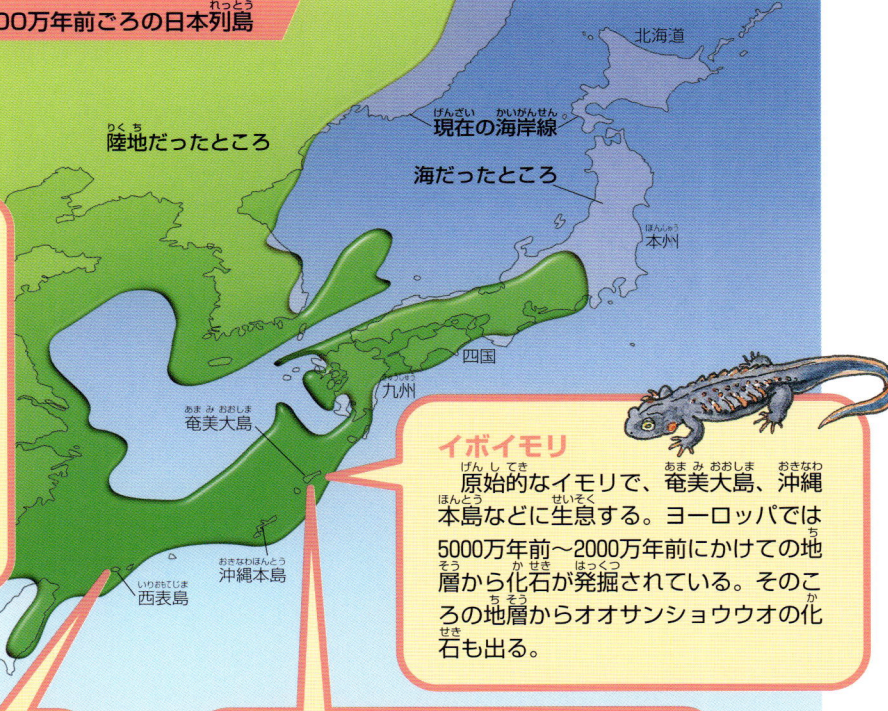

1000万年前ごろの日本列島
陸地だったところ　現在の海岸線　海だったところ
北海道　本州　四国　九州　奄美大島　沖縄本島　西表島

オオサンショウウオ
オオサンショウウオもこのころから日本にすんでいたと考えられている。オオサンショウウオは本州の岐阜県以西、四国、九州にすんでいるが、東日本にはいない。このころの東日本は海の下だったからだ。
　淡水魚も、西日本にくらべ、東日本には種類が少ない。これも、東日本が海の下だったことと関係があるのだろう。

イボイモリ
原始的なイモリで、奄美大島、沖縄本島などに生息する。ヨーロッパでは5000万年前～2000万年前にかけての地層から化石が発掘されている。そのころの地層からオオサンショウウオの化石も出る。

イリオモテヤマネコ
古い形をしているヤマネコで、沖縄県の西表島にすんでいる。インドにすむベンガルヤマネコに近いようだ。

アマミノクロウサギ
ムカシウサギというとても古いウサギの仲間。ムカシウサギの仲間には、ほかにアフリカ南部にすむアカウサギ、メキシコにすむメキシコウサギの2種がいる。

（『アニマ（1986）：昭和61年6月号特集―沖縄の自然と動物』をもとに作成）

③ 数百万年前からの生き物

170万年前ごろまでの日本列島は平らな環境で、高い山はなかった。
田んぼやため池の生き物はそのころから生きている生き物だ。

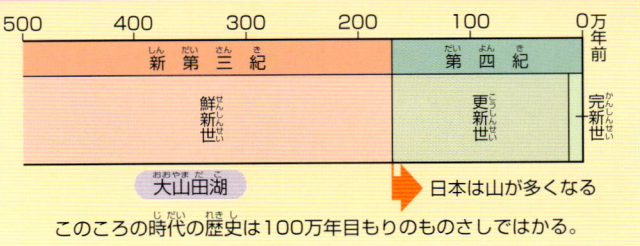
このころの時代の歴史は100万年目もりのものさしではかる。

昔の琵琶湖の生き物

琵琶湖は約400万年前からある古い湖です。でもそのころの琵琶湖は今よりずっと南のほう、三重県の大山田村あたりにあり、**大山田湖**とよばれています。

現在はありませんが、この湖のあとからはタニシ、ドブガイ、コイ、フナ、ナマズ、タナゴなど、現在は田んぼや水路、ため池などにすむ生き物の化石が出ます。田んぼや水路、ため池などの生き物は、古い歴史をもっているのです。また、ワニの化石も出土し、今よりずっと暖かかったことがわかります。

ヒマラヤ山脈と同じころにできた日本列島

ローラシア大陸とゴンドワナ大陸がさらにはなればなれになって海底にのし上がっていくと、同時に海底も大陸の下にもぐりこんでいくことになります。こうして**日本列島**はもち上げられていき、170万年前ごろから山が高くなっていきました。

いっぽう南のほうでは、ゴンドワナ大陸をはなれたインドが北に移動してユーラシア大陸とぶつかり、その下にもぐりこんで**ヒマラヤ山脈**をつくりました。

このように日本列島とヒマラヤ山脈は、同じころ同じ方法でできた山脈なのです。

ヒマラヤ山脈と日本列島をくらべてみると

山の高さ

ヒマラヤ山脈の高さは、インドがもぐりこんでいる場所からはかると8000mくらいです。いっぽう日本列島の高さは、海底がもぐりこんでいる場所(南海トラフや日本海溝などの深い海)からはかると1万mをこします。(右上図)

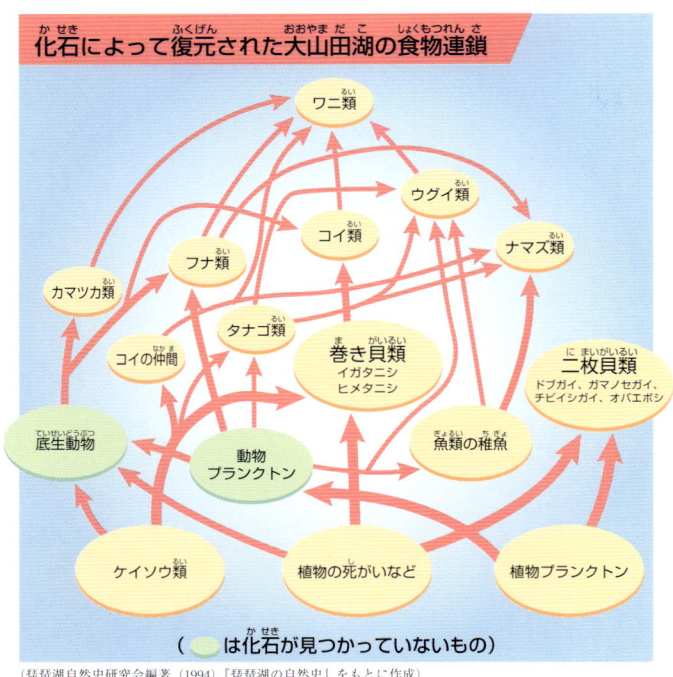
（琵琶湖自然史研究会編著（1994）『琵琶湖の自然史』をもとに作成）

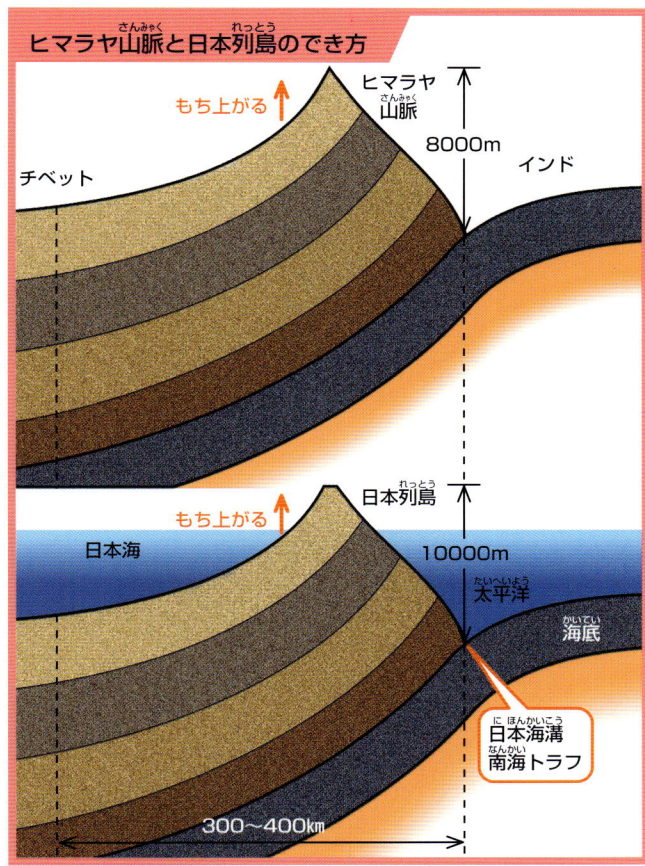

日本列島では地面のもぐりこみが深海でおきているので、大山脈の7合目付近から上が海上に姿をあらわしています。そのため、そこを流れる川は急流になります（左下図）。

この急流を、日本海側では春に雪どけ水が一度に流れ、太平洋側では梅雨明けから台風のシーズンにかけて大雨の水が流れ下りますから、日本の川は洪水をおこしやすいのです。

後背湿地で生きのびた生き物

川は洪水のたびに土砂を運び、川のまわりに広い氾濫原をつくりました。氾濫原には湿地ができます。これを後背湿地といいます。

数百万年前の水辺にすんでいたタニシ、ドブガイ、タナゴなどは、流れがない水辺や、ゆるやかな流れでなければ生きられません。また、コイ、フナ、ナマズなども、子どものうちは流れが急だと流されてしまいます。

これらの生き物は、後背湿地をおもなすみ場所として生きのびたと考えられます。

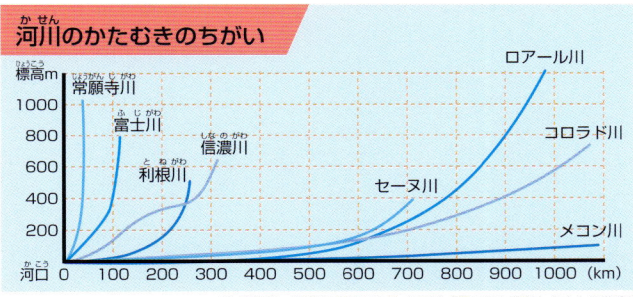

山脈のはば

日本列島の根元のはばは、海底がもぐりこんでいる場所から日本海側の深い場所（日本海盆）までです。そのはばは300〜400kmになり、ヒマラヤ山脈のはば（インドとチベットの間のはば）と同じです。（上図）

山の高さが同じで根元のはばも同じだから、日本はヒマラヤ山脈と同じ大山脈といえます。

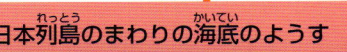

氾濫原とは、洪水のときに川の水が通常の水路からあふれ出て広がる範囲の平野のこと。また、後背湿地とは、その氾濫原上で、川の両側にできた自然堤防の陸地側にできる湿地のことだ。

❹ 数十万年前からの生き物

数十万年前からおこった大きなできごとは氷期の訪れだ。海底につもったプランクトンの化石から、氷期がほぼ10万年に1回の割合でおとずれていたことがわかっている。

氷期のたびに渡ってきた大陸の生き物

氷期の地球の姿は、今から2万年ほど前にもっとも規模が大きくなったウルム氷期でよく調べられています。そのときは、海水面が約130mも下がり、サハリンと北海道の宗谷岬の間は陸地になりました。また、朝鮮半島と九州、本州西端もつながりました。

氷期はくり返しおこったので、日本と大陸はしばしばつながったと考えられています。そして、そのたびに生き物が渡ってきました。サハリンからは、ヒグマ、ナキウサギ、エゾライチョウ、そしてマンモスも渡ってきました。

朝鮮半島からきたのは、ツキノワグマ、モグラ、ライチョウなどです。

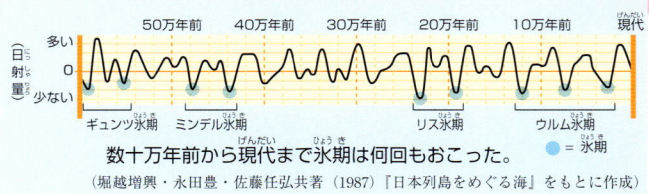
数十万年前から現代まで氷期は何回もおこった。●＝氷期
（堀越増興・永田豊・佐藤任弘共著（1987）『日本列島をめぐる海』をもとに作成）

氷期に陸つづきとなった日本列島

津軽海峡
津軽海峡は深くて陸地にはならなかったので、ここを通っての行き来はなく、北海道と本州で動物にちがいができた。

動物は氷期のたびに日本に渡ってきたが、大きな移動があったのは最後の氷期（ウルム氷期）だ。このとき、動物といっしょに人も渡ってきたんだよ。

氷期がくり返しおこるようになったわけ

ゴンドワナ大陸から分かれたローラシア大陸は、さらに分裂して北アメリカ大陸とユーラシア大陸、グリーンランドになりました。そしてヨーロッパとグリーンランドの間にはばの広い海ができ、ここを通って温かい海水が北極海に流れこむようになりました。

温かい海から上がった水蒸気は冷やされて雪になります。これは

対馬海流が日本海側に雪を降らせるのと同じです。この雪は氷河をつくりました。そして、10万年に1回の割合で日照時間がへったとき（10ページ）に、氷期をおこすようになったのです。

氷期はどうして終わるのか

氷期が進むと、海水が氷河になってへっていくので、海水面が下がります。すると、温かい海水が北極海に流れこまなくなり、北極海の水温が下がります。海水の水温が下がると水蒸気が上がらなくなりますから、雪の量がへって氷河ができなくなります。こうして氷期は終わりをむかえます。

 豆知識　大陸だなは氷期の海岸線だった！

大陸だなは海の水深130m〜140m近くにある平らな面です。

次の二つの理由から、氷期にはこの大陸だなが海岸線だったと考えられています。

地形から

大陸だなは海岸と同じ地形をしていて、世界各地でほぼ同じ深さにあります。だから大陸だなは氷期に海水面が下がったときの陸地のふちで、当時の波がつくった海岸の浅瀬だといえます。

氷期の氷の量から（計算してみよう！）

氷河の氷は海水が蒸発してできるので、氷期の氷の量は氷になってへった海水と同じ量です。氷

→氷河の終点につもった岩石のかけら。氷河にけずりとられた山や谷は、岩くずとなって氷河の終点につもる。この岩くずが積もった場所から氷河がどこまでおおったかがわかる。

河がおおっていた面積と氷の厚さは、氷河の終点に積もった岩石と山の形からわかります。

氷河の面積と氷の厚さから計算した氷期の氷の量は、約71,360,000,000,000,000トン。現在も南極などに約24,060,000,000,000,000トンの氷があるので、その分を引き、残った値を海の面積（約360,000,000,000,000m^2）で割ると、氷期に氷になってへった海水の深さがわかります。その値は131mで、氷期には131mの深さまで海水がへり、海水面が下がっていたことがわかりました。

このことからも大陸だなは氷期の海岸線だったといえるのです。

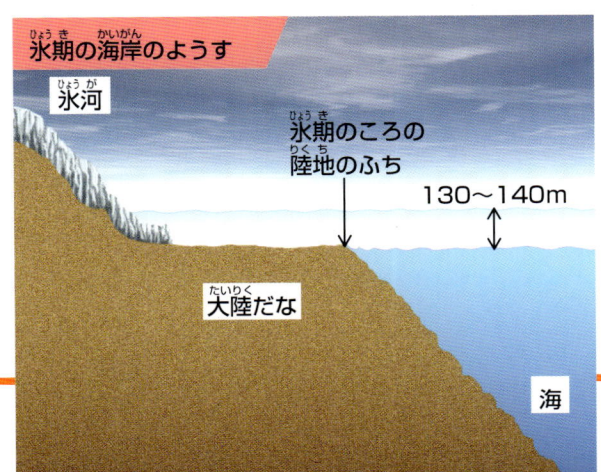

❺ 十数万年前〜数万年前の生き物

それぞれの生き物はちがう氷期に日本に入ってきた。
日本にきた時期のちがいはすんでいる地域のちがいとしてあらわれている。

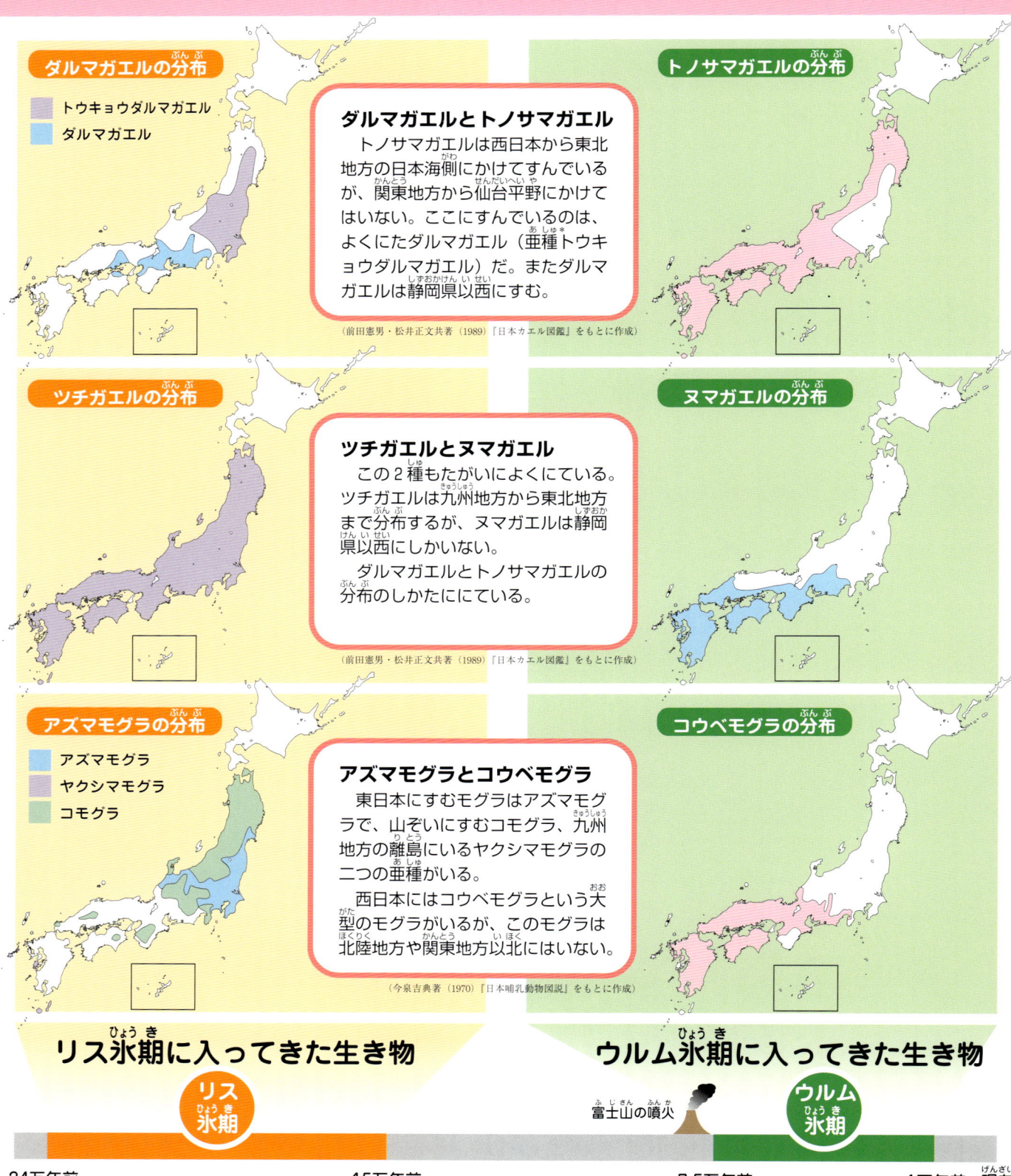

ダルマガエルとトノサマガエル
トノサマガエルは西日本から東北地方の日本海側にかけてすんでいるが、関東地方から仙台平野にかけてはいない。ここにすんでいるのは、よくにたダルマガエル（亜種トウキョウダルマガエル）だ。またダルマガエルは静岡県以西にすむ。

（前田憲男・松井正文共著（1989）『日本カエル図鑑』をもとに作成）

ツチガエルとヌマガエル
この2種もたがいによくにている。ツチガエルは九州地方から東北地方まで分布するが、ヌマガエルは静岡県以西にしかいない。
ダルマガエルとトノサマガエルの分布のしかたににている。

（前田憲男・松井正文共著（1989）『日本カエル図鑑』をもとに作成）

アズマモグラとコウベモグラ
東日本にすむモグラはアズマモグラで、山ぞいにすむコモグラ、九州地方の離島にいるヤクシマモグラの二つの亜種がいる。
西日本にはコウベモグラという大型のモグラがいるが、このモグラは北陸地方や関東地方以北にはいない。

（今泉吉典著（1970）『日本哺乳動物図説』をもとに作成）

リス氷期に入ってきた生き物 ／ **ウルム氷期に入ってきた生き物**

24万年前 ー リス氷期 ー 15万年前 ー 富士山の噴火 ー 7.5万年前 ー ウルム氷期 ー 1万年前 ー 現在

＊亜種の説明は9ページを見よう。

渡ってきた時期が古いほどふえる亜種

トウキョウダルマガエルと静岡県以西にすむダルマガエルとが亜種の関係になっているのは、それぞれがはなれて交わらなくなってから長い時間がたっているからです。だから、ダルマガエルが日本にきた時期はたいへん古いことがわかります。

東日本にすむトウキョウダルマガエル

また東日本にすむアズマモグラに、コモグラとヤクシマモグラという２亜種があることは、ダルマガエルが東西で亜種になっているのと同じで、日本に渡ってきた時代の古さをあらわしています。

アズマモグラ（体の大きさ14cm）

さらにツチガエルの遺伝子は、西日本と東日本で、東西のダルマガエルと同じくらいはなれています。だから、ツチガエルも古い時代に日本にきたことがわかります。

ツチガエル

＊体の大きさ＝頭から胴までの長さ。しっぽはふくまない。

いっぽうヌマガエルやトノサマガエルは、台湾や大陸にすむものとは、遺伝的にはごく近い関係にあります。だから、ヌマガエルとトノサマガエルは新しい時期に日本に入ってきたといえます。

トノサマガエル
コウベモグラ（体の大きさ15.5cm）

これらのカエルやコウベモグラが新しい時期に日本に渡ってきたとしたら、その時期は最後におこった氷期（約１万年前までつづいたウルム氷期）のときです。

そしてダルマガエルとツチガエル、アズマモグラたちは亜種に分かれるほど古い時代に入ってきたので、その時期は一つ前の氷期（約24万年前から15万年前までにおこったリス氷期）のころと思われます。

二つの氷期の間でおこった大きなできごと

日本列島では、リス氷期とウルム氷期の間の約８万年前に富士山の噴火が始まって、富士・箱根火山帯ができました。富士山の噴火後に日本に入ってきたトノサマガエルたちはここをこえられず、東日本には入れませんでした。

いっぽうダルマガエルやツチガエル、アズマモグラたちは富士山が噴火する前に日本に入ってきたので、東日本にまで移動できました。

日本に入ってきた時期が古い生き物ほど、日本で種類をふやしていったんだよ。

第3章 人と生き物とのかかわり

❶ 焼き畑が守った春植物

カタクリなどの春植物は、焼き畑や雑木林の管理といった人間の営みによって守られてきた。

雑木林の春植物、カタクリ

春の彼岸（3月20日ごろ）が過ぎたら、雑木林へ行ってみましょう。落葉広葉樹が芽ぶく前の明るい地面に、カタクリが咲いています。カタクリはこのあと、種子をつけ、新緑のころには葉を落とし、翌春まで球根の状態で過ごします。

カタクリが葉を広げている期間は、落葉広葉樹が葉を広げる前に林の地面に光があたっている期間と同じです。林の木が葉を広げると、地面に光があたらなくなります。カタクリはその前の期間に、地面にあたる光だけで1年分の栄養をつくってしまいます。このように春先だけ姿をあらわす植物を、春植物といいます。

シイやカシなど常緑広葉樹が生える暖かい地方（暖温帯域）の雑木林にも、カタクリが生えていることがあります。これは、氷期の生き残りです。なぜ、カタクリは生き残ることができたのでしょうか。

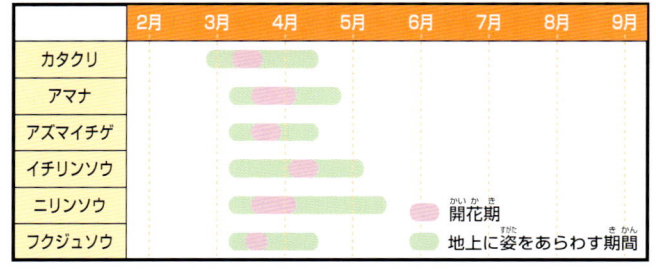

千葉県のおもな春植物の咲く時期
（沼田眞・大野正男共著（1985）『房総の生物』をもとに作成）

↑カタクリなどが生えている北側の斜面は、3月になって日が高くなると、光がさしこむ。このころ、春植物は地上に姿をあらわす。そして林の木が葉を広げる5月には、日光は林の中にささなくなり、春植物は地上から姿を消す。

↑フクジュソウ

↑ニリンソウ

↓山の斜面にいっせいに咲いたカタクリ（山形県戸沢村）。

↑カタクリ。ユリの仲間で春先に花が咲く。

カタクリと常緑広葉樹の移動の速さ

カタクリの種子は、アリによって5mほど運ばれます。その種子が生長し、花が咲いて種子がとれるまで8〜10年かかります。このことから、**カタクリの移動速度は10年間で約5m**といえます。この移動速度から考えると、最後の氷期が1万年前に終わってから現在までの間に、カタクリは北にもどろうとしても、5〜6kmほどしか移動できていないことになります。

氷期が終わり暖かくなると、常緑広葉樹林は北へ広がり始めました。そのころの地中にある花粉を調べると、常緑広葉樹林は大阪から京都までの40kmを1000〜1500年かけて動いています。だからその**移動速度は年間30〜40m**で、カタクリ（1年に50〜60cm）の数十倍です。

カタクリは常緑広葉樹林が北へ広がるスピードからにげることができず、暖温帯の地域ではやがてはほろびる運命にありました。カタクリは春先の光を必要とするので、1年じゅう暗い常緑広葉樹林のもとでは生きていけないからです。ところが、常緑広葉樹林が京都付近に達した5000〜4500年前ごろ、京都付近には落葉広葉樹林が残っていたことがわかりました。

カタクリの芽生えから開花まで

カタクリは、芽生えてから花が咲くまで8〜10年かかる。

カタクリの種子

エライオゾーム

カタクリの種子は、アリが巣まで5mほど運ぶ。種子には、アリが好きな脂肪酸をふくんだでっぱり（エライオゾーム）があるからだ。

←カタクリの種子。
↓カタクリの実。ふくろの中に、たくさんの種子が入っている。

農業が守った春植物

そのころは縄文時代中期にあたり、本州では**焼き畑**が行われていたことが考古学の調査からわかっています。焼き畑では林の木をきって焼き、切り株の間に作物をつくるので、切り株からはすぐに芽が出ます。やがてこの芽が生長し、落葉広葉樹の林になります。

カタクリのような春植物は常緑広葉樹林におおわれるはずの地域でも、**焼き畑のあと地の林、そして人が管理する雑木林**といった落葉広葉樹林の中で生きつづけてきたのです。

↓現在も行われる焼き畑（山形県温海町）。

雑木林は20〜30年に1回、まきをきり、切り株から出た芽生えを育てて次の代にする林だ。6巻『里山』14ページでくわしく学習するよ。

❷ 牧草地や放牧地が守った生き物

火山のすそ野にできた草原には、氷期に大陸から渡ってきた生き物がすみついた。
その生き物は、放牧や草刈りによって守られてきた。

火山のすそ野にできた草原

日本は、草原にすむ生き物にとってはすみにくい環境です。なぜなら雨が多いので、放っておくと森林でおおわれてしまい、草原がなくなってしまうからです。

でも、火山のすそ野は溶岩や火山灰でおおわれているので、なかなか木が育ちません。そこで、草原の時代が長くつづきます。

日本列島では、ほぼ200万年前から火山活動が活発になりました。火山の活動がおさまると、すそ野には草原ができます。そして氷期に大陸と日本が陸つづきになると、草原にすむ生き物が大陸から渡ってきて、火山のすそ野の草原にすみつきました。

火山のすそ野の草原は、火山活動が落ち着くと木が生え始め、最後には森になります。しかし日本では、こうした草原は、牛や馬などを放牧したり、えさの草を刈りとる場所として利用され、草原のままで保たれてきました。その結果、氷期に大陸から渡ってきて草原にすみついた生き物が現在まで生き残っているのです。

⬇阿蘇山の山すそに広がる草原。牛がのんびりと草を食べる。

阿蘇の草原に生える植物

きみたちは熊本県の阿蘇の風景を見たことがありますか。阿蘇の景色のすばらしさは、山すそに広がる草原です。ここには、ヒゴタイなど、日本でここだけにしか見られない植物が生えています。これらの植物は大陸の草原にも見られます。**氷期に大陸から渡ってきた植物**なのです。

阿蘇の草原は阿蘇山の火山活動がおさまってからできたもので、人びとが牛を放牧したり、家畜たちの冬の飼料として草を刈り取ったりして維持してきました。

阿蘇では、ミヤマキリシマやアセビがみごとな花を咲かせます。これらのツツジの仲間は有毒なので、牛馬が食べ残すからです。また、牛馬のえさ用の草を刈るときにも刈り残します。だから放牧地や牧草地は、これらの植物が花咲くお花畑になります。

阿蘇の草原は、牛のえさに適したやわらかい草が生えるように、毎年春先に枯れ草が焼かれます。これを**野焼き**といいます。でも外国から安い牛肉が輸入され、放牧して飼う牛の肉が安くなったため、肉牛の飼育頭数がへってしまいました。そのため、放牧や草刈りに必要な草原の面積がへり、野焼きの面積もへったのです。

今、阿蘇の草原には、残念なことに木が生え始めています。野焼きされなくなった草地がふえてきたからです。

↑ヒゴタイ

↑オオウラギンヒョウモン

草原がなくなると姿を消す生き物

阿蘇の草原が林に変化すると、ヒゴタイなどの草原の植物も消えてしまいます。草原がなくなると姿を消すのは植物だけではありません。オオウラギンヒョウモンなどのチョウも姿を消します。このチョウは幼虫がスミレの葉を食べて成長するので、草たけの低い草地がなければ生きることができません。草の背たけが高くなると、スミレが姿を消すからです。

昔は田畑を耕したり物を運んだりするのに、牛や馬を使っていました。そのため、えさ用の草を刈りとるための草地が、各地にたくさんありました。そしてオオウラギンヒョウモンも各地でふつうに見られました。しかしトラクターや軽トラックが牛や馬に代わって使われるようになると、草地が減少し、それとともにオオウラギンヒョウモンは各地で姿を消しました。

現在、オオウラギンヒョウモンは阿蘇だけでしか見られないチョウになり、絶滅のおそれが出ています。

刈り取りによってできる草地については6巻『里山』22ページで学習するよ。

3 田んぼやため池が守った生き物

後背湿地にすんでいた生き物は、そこが田んぼやため池となっても生きつづけることができた。人間の管理が生き物を守ってきたのだ。

川の後背湿地から田んぼへの変化

多くの生き物のすみかだった後背湿地は、今から2500年前ごろに大陸から稲作が伝わると、田んぼに変えられていきました。田んぼは洪水から守る必要があり、堤防をつくって川から切りはなしました。そうなると後背湿地で子育てをしていた魚は、川から入って産卵することができなくなります。でも、田んぼは水を必要とするので、水路で川とつながっていました。

田んぼと川を結ぶ水路は、日本ではかなり古い田んぼでも見つかっています。たとえば福岡市の板付には、縄文時代の終わりごろ（約2400年前）につくられた、下の図のような田んぼの遺跡があります。ここにははば2m、深さ1mの人工水路が走り、その西側に田んぼがつくられていました。

水路の中にはくいの列があって、田んぼの土手はその部分で折れ曲がり、水の取り入れ口が開いています。この構造なら、多くの魚が水路から田んぼに入ることができました。

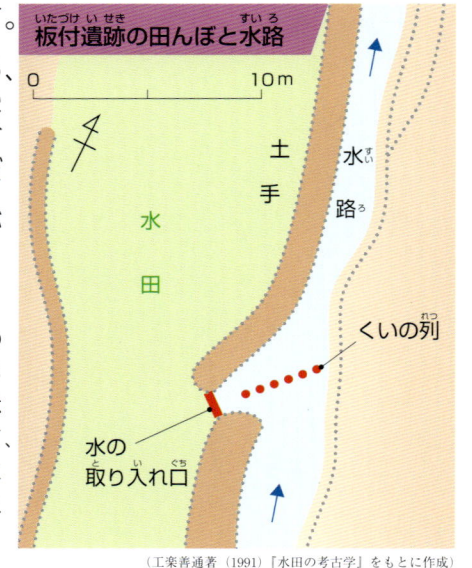

板付遺跡の田んぼと水路

➡水路と田んぼの間に土手がつくられている。土手は途中で切れていて、ここから田んぼに水を入れたと考えられる。

（工楽善通著（1991）『水田の考古学』をもとに作成）

水路がついた田んぼの遺跡は、弥生時代中期（約2000年前）の青森県弘前市の砂沢遺跡からも発見されています。このことから、こうした形の田んぼはごく短い期間のうちに本州北端まで広がったことがわかります。

魚が利用できる田んぼは、稲作が始まったころから日本各地でそろっていたのです。

後背湿地の水辺と農村の水辺

後背湿地に洪水がおきると、新しい水辺ができます。たとえば川が流れを変えたときに曲がりくねった川の一部が三日月型に切りはなされ、池になることがあります。この池の大きなものは、三日月湖とよばれます。これとよくにたものが、農村にあるため池です。

もう一つのタイプは、洪水が新たにつくったり、増水によって一時的に出現したりする浅い水辺です。これとよくにたものが田んぼです。

浅い水辺はふつうすぐにヨシなどでおおわれてしまいますが、川の後背湿地では、洪水がヨシをほり返して開けた水面をよみがえらせます。そしてため池では、毎年草が刈られ、数年に1回、泥上げが行われ、池の泥といっしょに水辺の植物もため池から取りのぞかれます。また、田んぼは耕されるので、ヨシなどでおおわれることはありません。こうした管理が、田んぼやため池に開けた水面をよみがえらせます。人が洪水のかわりに水辺の植物をほり返して、後背湿地と同じような環境を保ってきたのです。

田んぼとため池でくらす水生昆虫

　水生生物には**田んぼとため池の両方**を必要とするものがいます。たとえばゲンゴロウやミズカマキリなどは、ため池で冬ごししたあと、田植えあとの田んぼに飛んできて産卵します。卵からかえった幼虫は、田んぼにたくさんいるオタマジャクシなどを食べて成虫になったあと、ため池にもどって冬をこします。

　ミズカマキリにマークをつけて調べた実験では、ミズカマキリはため池から田んぼへ、そして田んぼからため池へと、１km以上飛びます。また、ため池で羽化したトンボは、若い時代を林などで過ごしたあと、水辺にあらわれますが、そのときも１km以上飛びます。

後背湿地の池の間かくとため池の間かく

　では、川の両わきにある三日月湖などの池は、どのくらいの間かくであるのでしょうか。本州以南の川では、後背湿地は田んぼになっているので、池は残っていません。でも、昔の姿を最近までとどめていた北海道の**石狩川**では、後背湿地にたくさんの池が残されています。その池の間かくをはかったら、１km以上ありました。

　いっぽう農村のため池は、１km以内の間かくしかありませんでした。これは田んぼの水をため池から引いている地域では、必要な水を自分の集落で用意しなければならないので、どの集落も一つ以上の池をもっているからです。そこでため池の間かくは集落の間かくより短くなり、１km以内の間かくになってしまうのです。

　このようなことから、後背湿地の池にいたミズカマキリやトンボなどの水生昆虫は、ため池でもくらせたと考えられます。

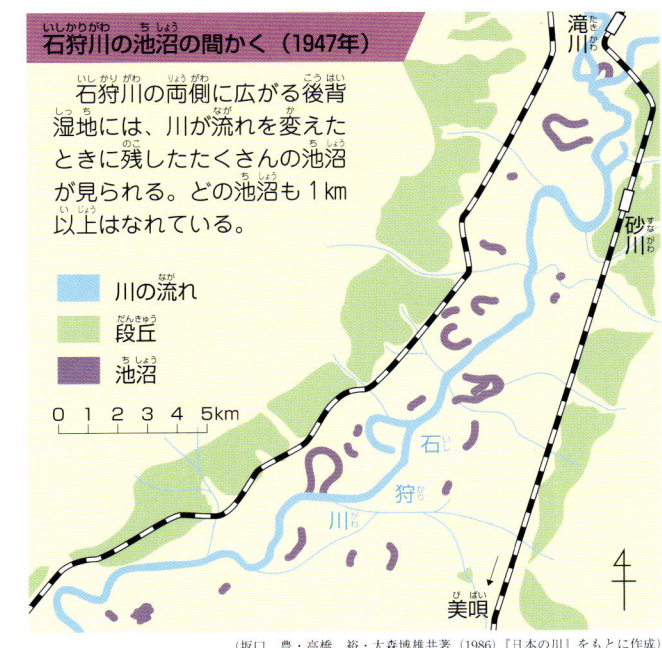

石狩川の池沼の間かく（1947年）

石狩川の両側に広がる後背湿地には、川が流れを変えたときに残したたくさんの池沼が見られる。どの池沼も１km以上はなれている。

■ 川の流れ
■ 段丘
■ 池沼

（坂口　豊・高橋　裕・大森博雄共著（1986）『日本の川』をもとに作成）

↑石狩川の三日月湖（矢印）。

↑ため池（矢印）が点在する四国の讃岐平野（香川県）。

❹ 低地の田んぼが守った生き物

約6000年前ごろの縄文海進期に河口にできた干潟は江戸時代には田んぼとなり、シギやチドリの仲間のすみ場所を守ってきた。

縄文海進期の干潟とシギ・チドリ

約6000年前、気候は今より暖かくなり、海水面も今より高くなりました。海は川にそって陸地の中まで入りこみ、川の下流の部分は海になりました。この時代は縄文時代でしたので、海が陸地の中に入っていったこの時期を**縄文海進期**とよびます。

そのときに海になった場所を、わたしたちは縄文時代のごみ捨て場だった**貝塚**の位置から知ることができます。貝塚の貝が海の貝なら、そのあたりは海だったからです。

海は川が運んだ土砂をうけ止め、平らな場所をつくっていきます。こうしてできた平らな場所が**河口干潟**です。この時代にできた河口干潟の多くは、江戸時代から行われた開発で、現在は**田んぼ**になっています。

ゴールデンウィークのころ、水が張られたばかりの田んぼには、シギやチドリの仲間が渡ってきます。シギやチドリが多くくる田んぼは、**縄文海進期に海か河口付近だった場所につくられた田んぼ**です。

田んぼで多く見られるシギやチドリの仲間は、ムナグロ（チドリの仲間）、キョウジョシギ、タシギ、キアシシギ（シギの仲間）などです。

シギやチドリの仲間の多くはシベリアで繁殖し、オーストラリアや東南アジアで冬ごしします。そして春と秋の渡りの途中で日本にたちより、えさを食べて体力を回復します。

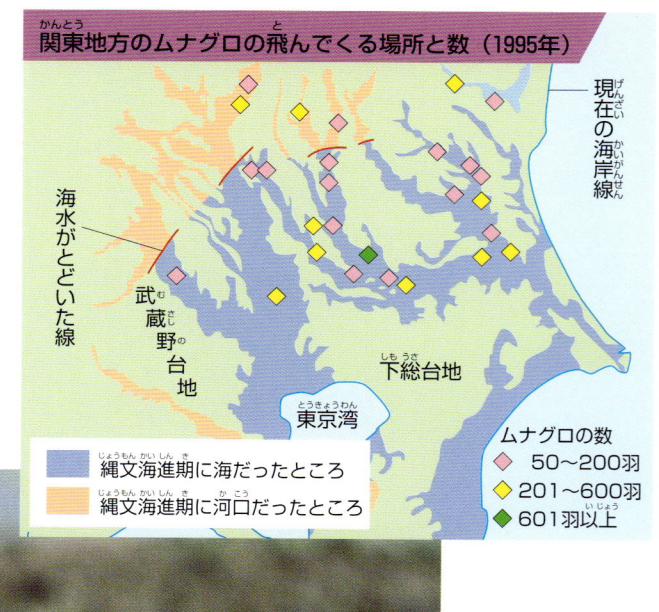

関東地方のムナグロの飛んでくる場所と数（1995年）

- 縄文海進期に海だったところ
- 縄文海進期に河口だったところ

ムナグロの数
- ◆ 50〜200羽
- ◆ 201〜600羽
- ◆ 601羽以上

←田植えのすんだ田んぼの畦で休むムナグロ。ムナグロは胸が黒いチドリの仲間で、田んぼなど淡水の湿地によく来る。

浅くて開けた水辺でえさをとる鳥

シギやチドリの仲間は浅くて開けた水辺でえさをとります。それは次のような理由からです。

ツバメやハヤブサのように細長くて先のとがった翼をもつ鳥は、速く飛びます。でも障害物があると速く飛べません。そこでツバメもハヤブサも障害物のない開けた場所でえさをとり、林の中などには入っていきません。

シギやチドリも細長くて先のとがった翼をもち、速く飛ぶ鳥です。だから開けた水辺を好み、ヨシなどが生えたところには入りません。

またシギやチドリの多くは、くちばしの長さより浅い水辺でえさをとります。くちばしの長さは、ムナグロが20～27㎜、キョウジョシギが20～25㎜、キアシシギが33～39㎜です。だから、ムナグロやキョウジョシギはごく浅い水辺でしかえさをとることができません。そこで、干潟のような浅く開けた水辺をすみかとしているのです。

干潟から田んぼへの変化

縄文海進期後は寒冷期となり、約5000年前には海水面が下がって、縄文海進期に広がった干潟は淡水の湿地に変化していきました。浅い湿地は淡水化するとヨシなどでおおわれてしまいます。そうなるとシギやチドリはそこを利用できなくなります。でも縄文海進期に海が入りこんでいた場所は川がつくった谷でした。だからそこにできた淡水の湿地は後背湿地か河口になりました。川では洪水がくると水辺の植物がほり返され、開けた場所になります。シギやチドリはその場所を利用しつづけてきました。

江戸時代になると、人は洪水を防ぐために堤防をつくり、湿地を川から切りはなしました。湿地は洪水がなくなるとヨシなどでおおわれてしまいますが、人はそこを田んぼにしました。

田んぼは毎年耕されるので、そのたびに開けた水面ができます。これは、河口付近の湿地で洪水が開けた水面をつくるのと同じです。

そのおかげで、シギやチドリはその場所で生きつづけることができたのです。

↑干潟でカニをとるキアシシギ。足が黄色いのが特徴の鳥だ。
→キョウジョシギ。「キョウジョ（京女）」という名は色どり豊かなところからついたもの。少しそった短いくちばしを使って、小石などをひっくり返して、その下のえさをとる。

＊江戸時代＝1603年～1867年までの、江戸(今の東京)に幕府があった時代。

←タシギ。くちばしが長いのが特徴だ。

シギやチドリのすむ場所とえさのとり方については、3巻『干潟』30ページを見よう。

⑤ 河川工事と新田開発が守った生き物

河口干潟は川が土砂を運んでくることによってつくられる。
江戸時代に行われた河川工事は多くの干潟を生み出し、生き物を守ってきた。

堤防づくりがおこした河口の変化

　河口干潟は川が上流から運んできた土砂でつくられます。川が上流からたくさんの土砂を運んでくると、河口干潟は沖へとのびていきます。いっぽう、海の波はたまった土砂を沖合いに運んでいきます。だから河口干潟の位置は、川が上流から運んできた土砂がたまっていく速さと、海の波が土砂を沖合いに運んでいってしまう速さのバランスで決まります。

　縄文海進期に河口干潟だったところにある田んぼは、江戸時代やその後につくられた新しいものがほとんどです。それは江戸時代になると、強固な堤防を築くことによって河川の氾濫を防ぐことができるようになったからです。

　でも洪水をおさえると、河口付近の環境も変わり始めました。それまでは洪水が運んだ土砂の多くは、後背湿地にたまっていましたが、堤防をつくって洪水をすべて海に流した結果、洪水が運んだ土砂も海まで運ばれるようになり、干潟のうめ立てを速めたのです。それにより干潟は海に向かって大きく広がり、干潟の生き物のすみ場所を大きくふやしたのです。

　また、そのころ新田開発がさかんになり、河口干潟は田んぼにつくり変えられていきました。

伊勢湾での新田開発

　濃尾平野では、木曽川が上流からたくさんの土砂を運んできます。木曽川は氾濫をくり返したので、江戸時代に尾張藩は洪水防止のための堤防を木曽川の東岸に、犬山市から弥富町までの48kmにわたってつくりました。そのため木曽川が運んだ土砂は海まで運ばれ、伊勢湾を急速にうめ立てていきました。

　その結果伊勢湾では、江戸時代全体を通して田んぼの造成（新田開発）が行われました。

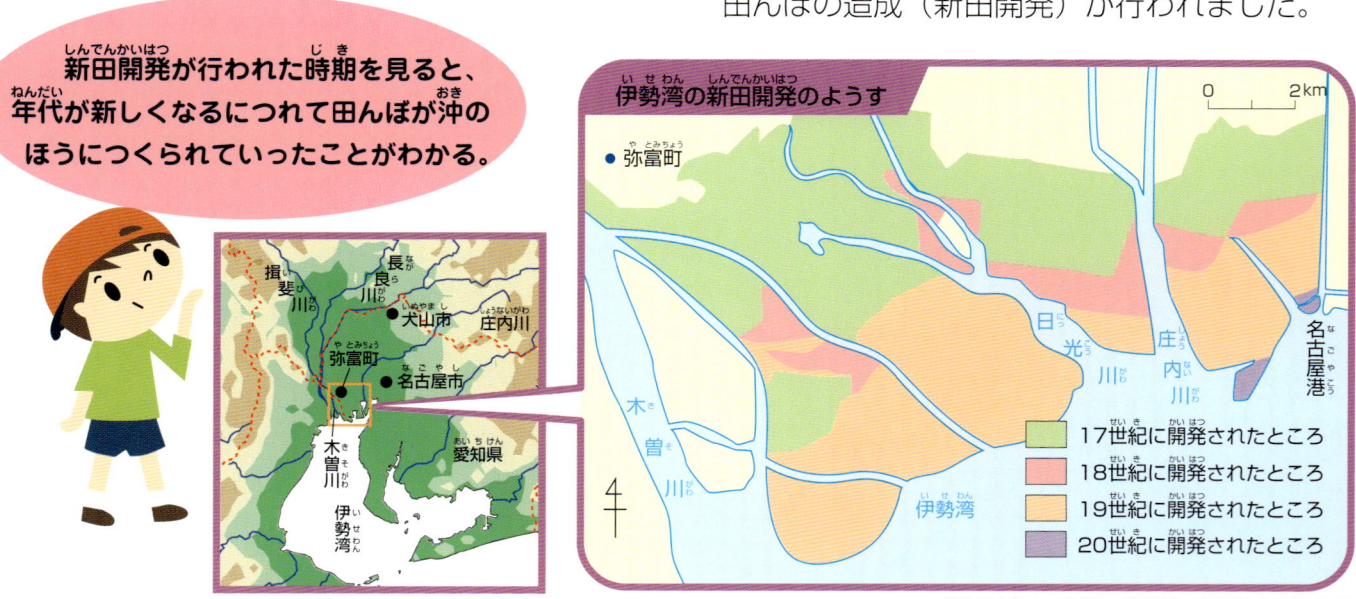

新田開発が行われた時期を見ると、年代が新しくなるにつれて田んぼが沖のほうにつくられていったことがわかる。

伊勢湾の新田開発のようす

- 17世紀に開発されたところ
- 18世紀に開発されたところ
- 19世紀に開発されたところ
- 20世紀に開発されたところ

（菊池利夫著（1986）『続・新田開発―事例編』をもとに作成）

東京湾での新田開発

東京湾での新田開発は、おもに江戸川流域で行われました。

江戸時代の初めのころの開発は、江戸川ぞいの後背湿地で行われています。ここでは**ところどころが切れている堤防**（霞堤）をつくり、川の水をあふれさせることにより水害を防いでいたので、後背湿地に栄養分が豊富な土が入り、田んぼの開発が可能になったのです。

その後、**強固な堤防**がつくられるようになり、洪水が運んできた土砂は、直接東京湾に流れこむようになりました。その結果、江戸川河口に三角州が広がり、干潟が大きくなったのです。

江戸時代中ごろには、この干潟に新田が開発されました。

新田開発が行われた場所

干潟が沖へ広がると、河口は海水がうすまってヨシが生え、シギなどは降りなくなります。

今から120年ほど前の地図をみると、江戸川と中川にはさまれた海岸は荒れ地となっていて、泥地がありません。いっぽう江戸川より東には泥地があります。泥地とは干潟のことで、荒れ地とはヨシなどでおおわれた湿地のことです。

ここの新田開発は**川にはさまれた場所**で行われています。その先の海岸は荒れ地ですから、ここも田んぼになる前はヨシ原だったのでしょう。新田開発はそのヨシ原を開き、シギやチドリが好む開けた水辺を守ったのです。

いっぽう河口からはなれた海岸は、塩分濃度が高いので、塩田＊がつくられていました。

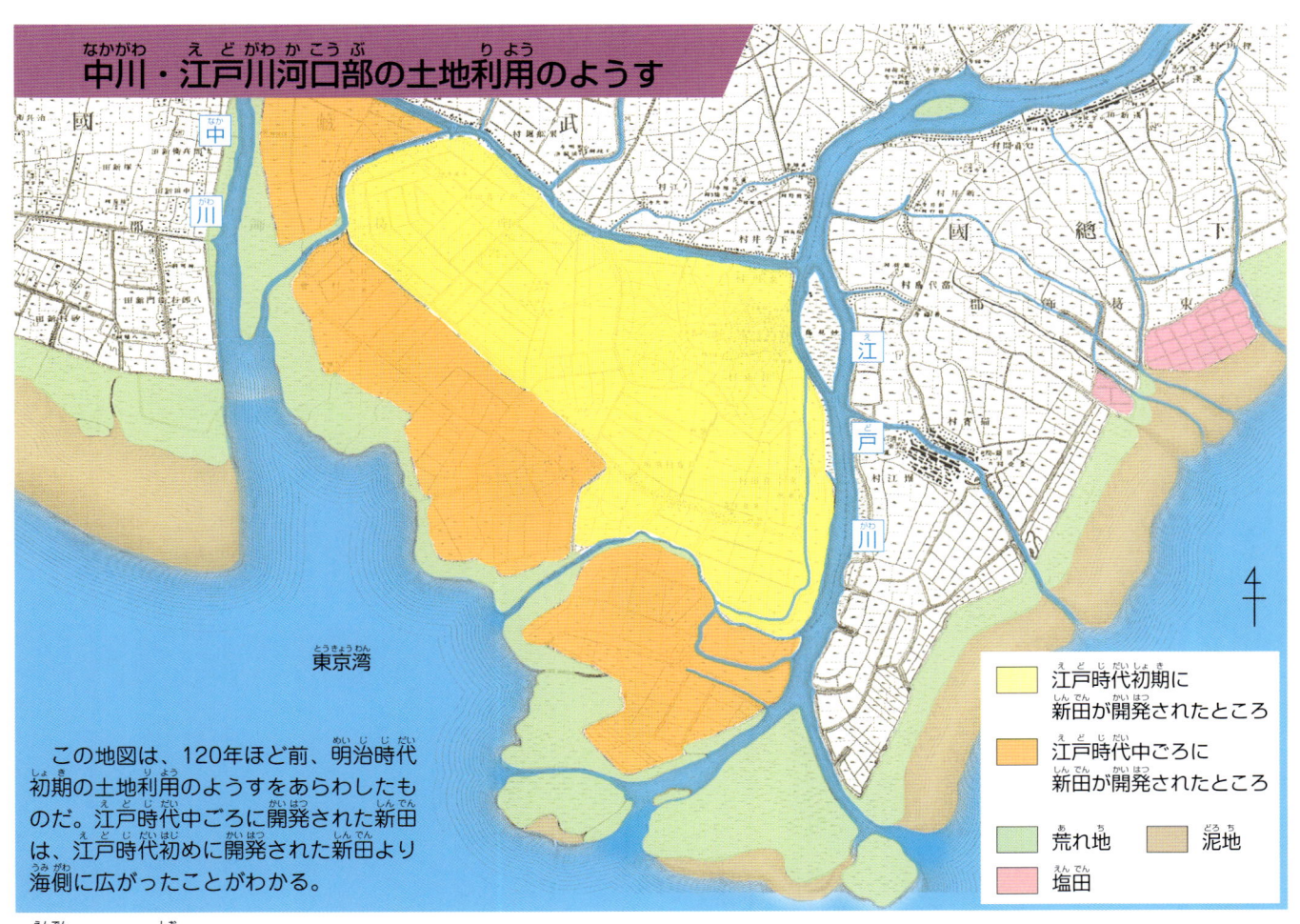

中川・江戸川河口部の土地利用のようす

この地図は、120年ほど前、明治時代初期の土地利用のようすをあらわしたものだ。江戸時代中ごろに開発された新田は、江戸時代初めに開発された新田より海側に広がったことがわかる。

凡例：
- 江戸時代初期に新田が開発されたところ
- 江戸時代中ごろに新田が開発されたところ
- 荒れ地
- 泥地
- 塩田

＊塩田＝海水から塩をとるための場所。くわしくは40ページを見よう。

第4章 物質の移動と環境の関係

① 山、川、海の関係と生き物

今まで見てきたように、生き物は移り変わる環境の中で生きてきた。
その環境のうち、山、川、海は、たがいに関係をもちながら生き物を守ってきた。

山から海へ供給される栄養分

生き物が生きるためには**鉄分などのミネラル**が必要です。山はこの**ミネラルを供給**します。

インドネシアのバリ島は火山が多く、火山のすそ野には田んぼがつくられています。だから火山が噴火すると大きな被害が出ます。それでも人びとは、火山のすそ野に田んぼをつくりつづけます。それは、火山が地中深くからたくさんのミネラルを供給してくれるからです。ミネラルが不足するとイネはうまく育ちません。

ミネラルが山から供給されないと、海水もミネラル不足になります。海流が沖から陸に向かって流れる北アメリカのアラスカ湾沖では、山から供給されたミネラルがとどかないので、表面近くの海水中に鉄分がほとんどありません。

この海水を3か所でとり、植物プランクトンを培養した実験があります。そのままの海水（鉄を加えないとき）ではプランクトンはふえていません（下図左）。ところが海水に1000トンあたり560mgの鉄を加えると、プランクトンはふえました（下図右）。これはきみたちの学校にある長さ25m、はば10m、深さ1mのプールにホチキスの針5本分、140mgの鉄をとかしたのと同じ濃度です。鉄を少し加えただけで植物プランクトンはふえるのです。

このことから鉄などの**ミネラルが山から供給**されると、植物プランクトンがふえ、それをえさに**海の生き物全体がふえる**ことがわかります。

アラスカ湾の植物プランクトンのふえ方のちがい

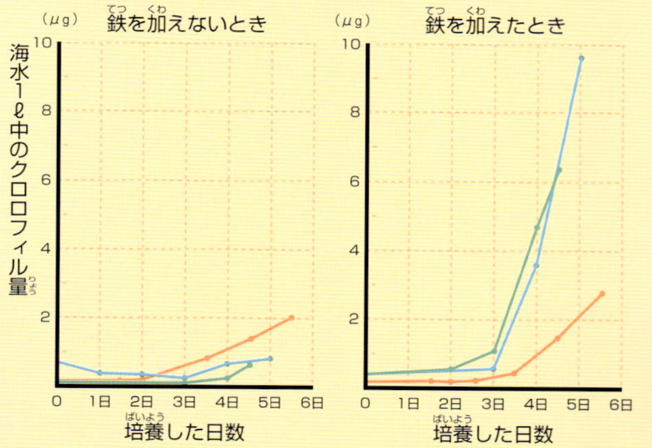

- 3本の折れ線は、実験した3か所の変化のようすをあらわす。
- 鉄分が混入しないようにびんの口は一度も開けないで実験したので、植物プランクトンの量は緑の濃さ（クロロフィル量）ではかっている。
- μg（マイクログラム）は1mgの1000分の1の量。

（マーチンJ.H.ほか（1989）をもとに作成）

バリ島のたな田

↑マングローブ林（沖縄県西表島）

マングローブ林の役割

↑マングローブの葉

　熱帯地方には、鉄分をふくんだ赤い土（ラテライト）が広く分布しています。この赤い色は酸化第二鉄の色で、鉄さびと同じ成分です。

　海水にくぎを入れて、しばらく置いてみましょう。すると、くぎの鉄は酸素と結びついて酸化第二鉄になり、海水は赤くにごってきます。にごっているのは、酸化第二鉄が水にとけないからです。

　水にとけない酸化第二鉄はしずんでしまうので、水面にただよっている植物プランクトンは吸収できません。ラテライトの鉄分は、そのままでは植物プランクトンが利用しにくいのです。

　熱帯の河口では、満潮になると海の下になるようなところに林があります。この林をつくっているのはマングローブで、海の中でも生きていける、塩分に強い樹木です。マングローブは、土の中の鉄分を生き物が吸収できるようにする役割をもっています。

　くぎを入れてできた赤くにごった水に、マングローブの葉をちぎって入れてみます。しばらくすると水は青色に変わり、透明になります。

　水が青くなったのは、鉄がマングローブの葉にふくまれるタンニン酸と結びついてタンニン酸鉄になったからで、水が透明になったのは鉄が水にとけたからです。

　水にとけたタンニン酸鉄は海中に広がるので、水面の植物プランクトンも吸収できます。

　熱帯の河口のマングローブ林では、干潮になると、カニやゴカイがマングローブの落ち葉を巣穴に引きこんでえさにします。巣穴のまわりの泥は、タンニン酸鉄の青色にそまっています。このようにしてマングローブ林とそこにすむ生き物は、川が運んできたラテライトの中の鉄分を生き物が利用できる形に変えているのです。

❷ 魚による物質の移動

山のミネラルは川によって海へ運ばれる。また、川で生まれ、海に下って成長するサケやマスの仲間は、海の栄養分を川に運ぶ働きをしている。

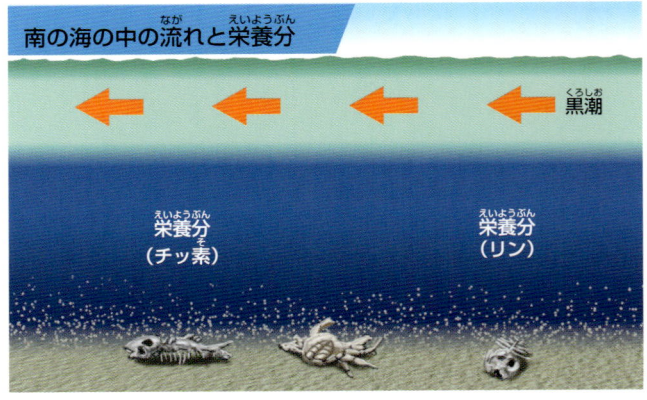

海の中の栄養分

　プランクトンなど海の生き物が死ぬと、死がいは海底にしずんでくさります。だから海底の水には、死がいが分解してできた**チッ素やリンなどの栄養分が豊富**にあります。

　水は温まると、膨張するので軽くなります。熱帯の海では太陽に温められた海水が表面にとどまり、深海底の水は海底深くにしずんだままです。黒潮の水も深海底の水よりずっと温かいので、表面を流れます。そのため、**熱帯の海水面近くの海水には栄養分があまりありません**。

　それに対し川は上流から、ミネラルだけでなく、チッ素やリンなどの栄養分も運んでくるので、水の中には栄養分が豊富です。

　暖かい海にすむスズキやボラ、熱帯にすむハゼの仲間など海で卵を産む魚も、川に入って生活する種類がたくさんいます。それは、熱帯では海よりも**川のほうが栄養分が豊富**だからです。

↑海から川に入ろうとしているボラの稚魚。

海から川へ運ばれる栄養分

　北の海では気温が低いので、海水面近くの海水は冷やされて重くなります。そのため、重くなった海水は海底にもぐりこみ、海底にあった栄養豊かな水が表面に出てきます。そこで海水面近くでくらしている植物プランクトンがこの養分を使って繁殖します。

　日本近海を流れる**親潮**（寒流）は**植物プランクトンが豊富**で、その量は黒潮の3～5倍です。

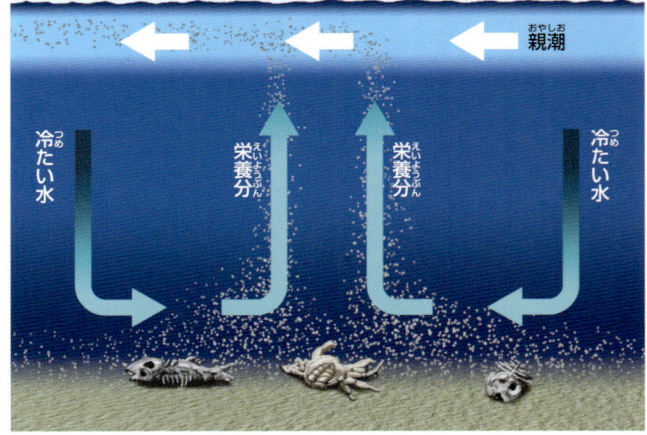

そこで寒い地方では、**川よりも海のほうが栄養に富んだ場所**になります。だから、川で生まれたサケなどは海へ下って成長するのです。

オショロコマの陸封魚と降海魚

↓オショロコマ　降海魚
全長約45cm

↓オショロコマ　陸封魚
全長約17cm

サクラマスの陸封魚と降海魚

↑サクラマス　陸封魚（ヤマメともよばれる）
全長約17cm

↑サクラマス
降海魚　全長約50cm

> 小さい魚が川に残ったもので、大きい魚が海に下ったものだ。子どものときにえさをひとりじめできた魚は海には下らない。海に下っていくのは、子どものときに体が小さくて川でえさがとれなかった魚だ。

海から川へ栄養分を運ぶ魚

　上の写真は、日本の川で産卵するマスの仲間です。上下の魚のそれぞれをくらべてみると、まったくちがう魚のように見えますが、じつは同じ魚なのです。小さい魚は川にとどまって成長した魚（陸封魚）で、大きい魚は海に下って成長した魚（降海魚）です。

　前に述べたように、寒い地方では川よりも海のほうが栄養（えさ）が豊富です。だから、海に下った魚は体が大きくなります。同じ魚なのに体の大きさがちがうのはそのためです。

　同じようにサケも川で卵を産み、海へ出て成長します。サケは陸封魚はいなくて、すべて降海魚になります。

　また、陸封魚は川で得た栄養分を川に返すだけですが、降海魚は海で得た栄養分を川にもどす働きをします。産卵を終えて死んだ魚は、川べりの植物のこやしになるからです。さらに人も動物も、産卵のため川を上ってきたサケやマスをとって食べます。

　こうして川を通して海へ運ばれた栄養分は、**魚によって海から川に運ばれ、人や動物によって陸地にもどるのです。**

③ 農家のくらしと環境との関係

山、川、海が自然に関係しあいながらつくった環境だけが、生き物を守ってきたわけではない。人間がかかわることでも同じような環境がつくられてきた。

林と田畑

　日本人は1970年代ごろまで、林の落ち葉を集めてたい肥（肥料）にしたり、燃料用のまきをとったりするため、**雑木林やアカマツ林**などを、人里近くにつくってきました（6巻『里山』）。

　落ち葉をたい肥にしていたときは、畑の半分ほどの面積の林が必要でした。まきを燃やしてできた灰も、肥料として使っていました。

　では、江戸時代はどうだったでしょう。

　関東地方には、今から120年ほど前、明治時代初期につくられた地図があります。このころは明治政府ができてからまもないので、産業や土地の使い方のようすは、江戸時代からほとんど変化していません。だからわたしたちは、この地図から、江戸時代の農村の姿を読みとることができます。

　左下の地図は、1881（明治13）年測量の茨城県南部の農村の地図です。この地図を見ると、**落葉広葉樹の林や草地が多い**ことがわかります。江戸時代には、田んぼに入れる肥料は**刈敷**が中心でした。刈敷とは林から広葉樹の若葉を枝ごと刈りとってきて、田植え前の田んぼにしきこんで肥料にすることです。

　昔話の『桃太郎』の中に「おじいさんは山へしば刈りに」ということばがあります。絵本を見ると、おじいさんが背負っているのは、かれた木（たきぎ）です。でも、おじいさんが山にしば刈りに行った時期は、おばあさんが川で洗たくをし、川にモモが流れてくる夏のころです。

　ほんとうはおじいさんが背負っていたのは**若葉**で、**肥料用の木の枝や葉**（柴、枝葉と書き、しばと読ませることもある）を山に刈り取りに

茨城県南部の農村の土地利用のようす

凡例：
- ため池
- 集落・市街地
- 落葉広葉樹（林〜草地）
- マツ・スギ林（ほとんどアカマツ林）
- 畑
- 水田

↑江戸時代末期〜明治時代初期の茨城県南部の農村の土地利用のようすをあらわしたもの。わかりやすいように雑木林（落葉広葉樹林）や草地などをひとまとめにしてある。

↑しば

行くようすをえがいたものだったのです。

江戸時代に田んぼに入れられていた刈敷の量を江戸時代の本から調べ、林にある若葉や草の量から、**刈敷をとるのに必要な林の面積**を計算してみました。すると**田んぼの数倍の面積の林**が必要だったことがわかりました。左ページの地図には小川にそって、細長い田んぼがえがかれていますが、この田んぼをつくるのに、こんなに広い面積の林が必要だったのです。

地図には、稲荷原、高崎原、女化原と書かれた広い草地もあります。草地が多いのにもわけがあります。1960年代までは、田畑を耕したり物を運んだりするのに、牛や馬を使っていました。だから当時の牛や馬は、今のトラクターや軽トラックに相当します。その**牛や馬を1頭飼うには約1ヘクタールの草地**が必要だったのです。草地はよい草が出るように春先に野焼きをします。そのときに家が焼けるのを防ぐため、草地は家からはなれた場所につくりました。

↑さびくぎを入れてつくった赤さびの液にクヌギの葉を入れたら、水がすんだ青色になった。

刈敷による鉄分の供給

日本は火山が多いので、土には鉄分が多くふくまれています。関東地方に多い赤土（関東ローム）も、ラテライトと同じように**酸化第二鉄（鉄さび）**で赤くなった土です。

さびくぎを水に入れてつくった赤さびの液にカシ、クヌギ、ヌルデなどの葉を入れてみましょう。マングローブの葉のとき（33ページ）と同じように水は青くなります（上の写真）。タンニン酸があるからです。タンニン酸をふくむこれらの植物は、かつては刈敷として田んぼにすきこまれていました。刈敷は鉄分を川にも**供給する役割**をもっていたのです。

豆知識　　　　　渋味のもとはタンニン酸

渋味のもとは**タンニン酸**です。タンニン酸は**タンパク質を固める働き**があります。人間の舌もタンパク質ですから、タンニン酸にふれると固まります。その変化をわたしたちはしぶいと感じるのです。お茶や紅茶の渋味のもともタンニン酸です。だからお茶や紅茶にさびくぎを入れると黒く変色します。また、紅茶に蜂蜜を入れても黒く変色します。これは蜂蜜にも鉄分がふくまれているからです。

↓紅茶に蜂蜜を入れたら黒く変色した。

大島紬の泥染め

タンニン酸と鉄分が結合してできたタンニン酸鉄は、かつては青インクとして使われました。また奄美大島の大島紬は、タンニン酸をふくむテーチギ（シャリンバイ）の煮汁に糸をひたしたあと、泥水に入れて泥の鉄分で紺色にそめます。これを**泥染め**といいます。

④ 漁師さんが進めている新しい物質の移動

今、漁師さんたちは各地で山に木を植える活動をしている。
これによって、漁業を行うことで海からとり出した鉄分を海に供給することができる。

食物連鎖の一員としてのわたしたち

海、川、湖では、**植物プランクトン**が水中のチッ素、リンなどの栄養分と二酸化炭素、太陽の光を吸収してふえます。その植物プランクトンを**動物プランクトン**が食べてふえ、動物プランクトンを**魚**が食べてふえます。このように生き物が食べたり食べられたりする関係を**食物連鎖**といいます。わたしたちも魚を食べます。魚からもらった栄養分の一部は尿やふんとなり、下水処理場などで浄化されたのち、チッ素、リンなどの元素にもどって水中に返されます。このようにわたしたちも、**食物連鎖をつくる生き物の一員**になっています。

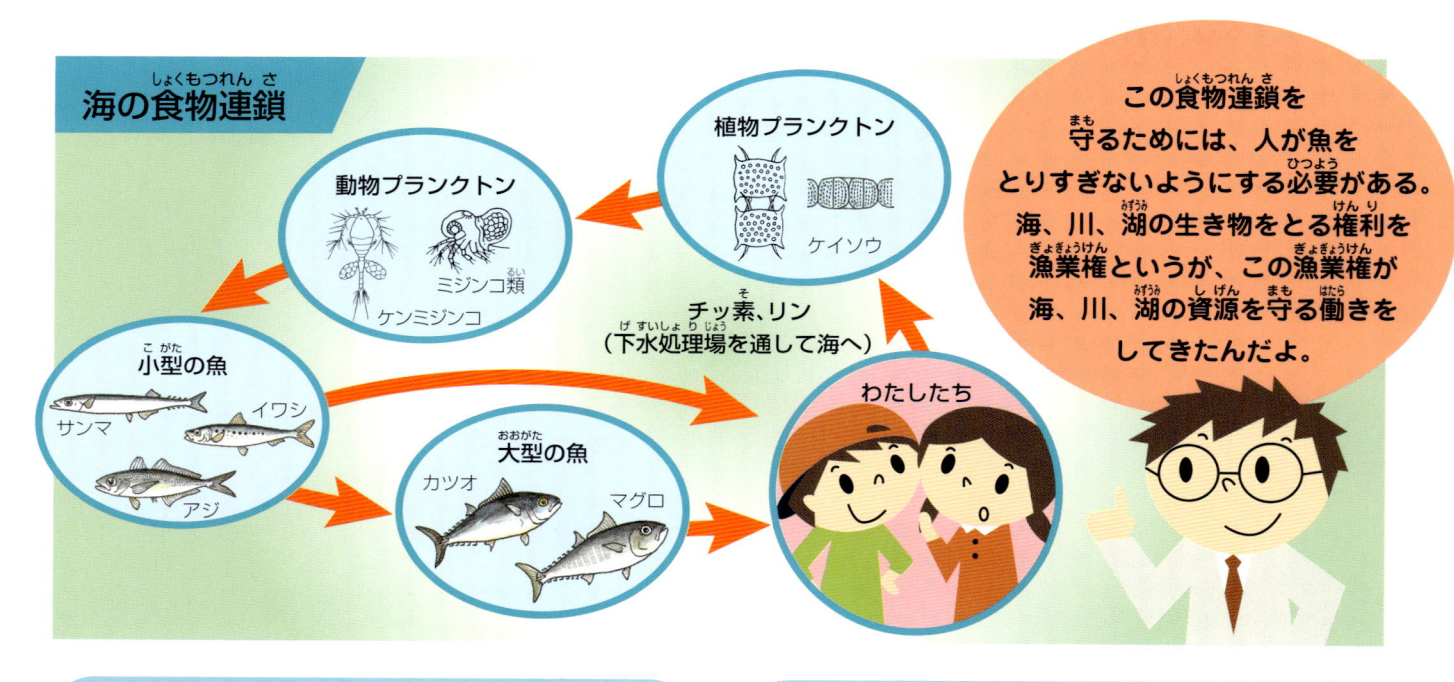

海の食物連鎖

動物プランクトン（ミジンコ類、ケンミジンコ）
植物プランクトン（ケイソウ）
小型の魚（サンマ、イワシ、アジ）
大型の魚（カツオ、マグロ）
わたしたち
チッ素、リン（下水処理場を通して海へ）

この食物連鎖を守るためには、人が魚をとりすぎないようにする必要がある。海、川、湖の生き物をとる権利を漁業権というが、この漁業権が海、川、湖の資源を守る働きをしてきたんだよ。

鉄分供給の必要性

魚をとると、チッ素やリンだけでなく、ミネラルもいっしょに海からとり出されます。チッ素やリンは処理した下水の中にたくさんふくまれているので、下水処理水を川に流しているかぎり不足することはありません。でも下水処理水の中の鉄分などは、植物プランクトンが吸収できる形になっているとはかぎりません。そこで鉄分などを供給することが必要になります。

漁師さんたちの植林運動が始まった

今、漁師さんたちは各地で山に木を植える運動を始めています。

北海道えりも町の海では、山が森でおおわれていた90年前ごろまではコンブがたくさんとれました。でも山の木をきってはげ山にしてから、コンブはとれなくなりました。北風がふくと土を海にふき飛ばし、コンブが生えていた岩場をおおってしまったからです。

そこでえりも町の漁師さんたちは、はげ山に木を植え始めました。

下のグラフを見てください。1955年ごろから木を植えた面積がふえ始めています。

今、漁師さんたちが植えた木は森になっています。そして森が広がるにつれ、コンブも魚もとれるようになりました。下のグラフを見ると、**魚介類の水揚げ高（とれた量）が木を植えた面積の増加とともにふえていることがわかります。木を植えると魚がとれるようになるのです。**

えりも町の木を植えた面積と水揚げ高の移り変わり

（松永勝彦著（1997）『さかなの森』をもとに作成）

北海道根室湾の野付漁業協同組合婦人部では「魚をはぐくむ野付漁協婦人部の森づくり」を開始し、ミズナラ、ハルニレ、シラカバなどの広葉樹を植林しています。また、岩手県田老町の漁業協同組合婦人部も山にナラの植林をしています。そして宮城県気仙沼湾でも、カキを養殖する漁師さんたちが、山に木を植えています。

漁師さんたちが山に木を植える運動は、各地に広がっているのです。

↑岩手県の室根山で毎年行われる「森は海の恋人植樹祭」。気仙沼の漁師さんたちが始めた植林活動に、今ではおとなから子どもまで、漁師さん以外の多くの人たちも参加している。

山に木を植える意味

山に木を植えることは、**土が海に入ることを防ぐ**だけではありません。**山から海へ鉄分を供給すること**につながります。広葉樹の落ち葉が、マングローブの落ち葉や刈敷と同じ働きをするからです。

落ち葉が積もってできた腐植層＊を水に入れると、水にとけ出す物質があります。この物質を**フルボ酸**といいます。タンニン酸もフルボ酸の一つです。山に広葉樹がしげっていると、落ち葉が分解してできたフルボ酸によって、赤土にふくまれる鉄分を生き物が利用しやすい形に変化させることができます。

日本人は山から海へ鉄分が供給されていることを知らずに山の木をきってきました。そのため、山から海への鉄分供給は、とても弱くなりました。でも今は植林によって、鉄分の流れはふたたび大きくなろうとしています。

山と川と海は、物質の流れを通してたがいにつながっているのです。

＊腐植層＝植物がくさって、腐葉土のようになった状態。

第5章 環境と人間の今までとこれから

❶ 変化する環境と生き物

人間のくらし方の変化によってそれまでの環境とのかかわり方も変わり、環境を変えた。そして生き物のくらしも変わった。

川の変化

川の環境が大きく変わったのは、船の行き来のための低水管理から、洪水対策のための高水管理へと考え方を変えたからです。

船で物を運ぶためには、いつも川に水があるようにしなければなりません。このように水位が低いときのために水を管理する方法を**低水管理**といいます。この方法では、川にはいつも水が流れていたので、魚にとって生活しやすい環境でした。また船が通れるようにすることが必要なので、川に堰やダムをつくることもありませんでした。だから魚も川を自由に上ることができました。

←今から70年ほど前、米や紅花を積んで最上川（山形県）を行き来する船。当時は川を利用した船による交通が中心だった。

ところが現在は、船で物を運ぶことがなくなったので、低水管理の必要がなくなりました。かわりに洪水の被害を防ぐことを目的とした**高水管理**が行われるようになりました。

洪水を防ぐためには、川の水位が高いときの水管理が必要になるため、ふだんは水量が少なくてもかまいません。そのためダムでせき止めて水を取り、その下流ではふだんはほとんど水がない川が出現するようになりました。

＊第二次世界大戦＝1939年に始まり1945年までつづいた世界的規模の戦争。

干潟のうめ立てがもたらしたもの

第二次世界大戦ごろまでの干潟のうめ立ては、川の近くの干潟を水田にし、川からはなれた場所の干潟を塩田にする程度でした。だから水田にはたくさんの生き物がくらしていました。

塩田は、海水から塩をとるための場所です。海水を導く水路が縦横に張りめぐらされているので、海の生き物が生活できます。塩田は、満潮のときに海水を入れ、干潮になったら太陽の光で塩をかわかします。だから塩田は、干潮になると真っ先に陸地になるような浅い場所しか使いませんでした。塩田がつくられても、干潟の大部分はそのままの形で残されていたのです。

しかし**現在のうめ立て**は、干潟を完全な陸地にして工場などをつくります。これでは生き物はすむことができません。生き物がすめなくなると、生き物の食物連鎖による水質浄化がなくなります。そのうえ、川のよごれもひどくなったので、海の水質は悪くなり、プランクトンが大発生しておこる**赤潮**が、毎年のように見られるようになりました。

↓1995年8月9日に、愛媛県明浜町沿岸に発生した赤潮。

また陸地をつくるために、海の砂をほりとって浅瀬をうめ立てたので、海は浅瀬がなくなって急に深くなりました。その結果、海底の水は循環しなくなり、無酸素状態になりました。水のよごれも無酸素状態をつくるのに手を貸します。よごれを分解するバクテリアがふえ、酸素を使ってしまうからです。

　北風がふいて表面の海水を沖におしやったとき、海底にあった無酸素の水が表面に出てきて、たくさんの生き物を殺します。この水には、植物プランクトンもいないので、青白く見え、青潮とよばれます。東京湾では青潮が毎年のように発生しています（右の写真）。

↑2003年9月22日に千葉港（千葉市）に発生した青潮。この青潮は十数kmはなれた市川市沖まで広がった。

農林業の変化

　田んぼは生き物が豊富な環境です。でも今から40年前ごろから機械化が始まると、大型のトラクターを入れるために、冬になるとかわいた田んぼにする工事が始まりました。こうした田んぼを乾田といいます。乾田になったことで、冬もしめった田んぼ（湿田）を必要とする生き物がすめなくなりました。

　田んぼをかわかすためには、排水が速く流れ出るよう、排水路の水位が田んぼよりずっと下になるような工事をします。この工事をした田んぼでは、魚が川から田んぼに入ることができなくなりました。田んぼに入って産卵するアユモドキやメダカは、現在絶滅のおそれがあるほど少なくなっています。

　畑では、外国から小麦が輸入されるようになってから、麦畑がへりました。そのため、ヒバリなどの草地にすむ鳥がすめなくなりました。また、今までは冬は麦が畑をおおっていましたが、その麦がなくなって、畑は何も植えないままでおかれるようになったので、冬は土ぼこりがひどくなりました。

　さらに、田んぼや畑で農薬が使われるようになると、多くの生き物が姿を消しました。

　そのいっぽうで、田んぼや雑木林が使われなくなり、そのような場所では、多くの生き物が絶滅のおそれがあるほど減少しつつあります。環境省は日本で絶滅のおそれのある生物をまとめ、レッドデータブックとして発表しました。レッドデータというのは「生き物の赤信号」という意味で、生存に赤信号がついている生き物を書いてあるのがレッドデータブックです。

　この本に出ている生き物を調べたら、その半数が農村の環境など、人がつくってきた環境にすむ生き物であることがわかりました。

　田んぼや雑木林、草地などを放棄してそのままにしておくと絶滅してしまうこれらの生き物は、氷期の生き残り（22ページ）だったり、人間の管理が洪水の肩代わりをしてきた場所にすんでいる生き物（26ページ）だったりします。

　だからこれからは、自然に対して人間が積極的に働きかけていくことが重要になってきます。

❷ 環境を守ろうとする動き

でも、あきらめることはない。おとなの人たちも今までのやり方を反省し、**環境保全や環境復元の事業を行うようになってきた。**

多自然型（近自然型）工法が始まった

川では、これまでの川岸をコンクリートで固める方法をあらため、木や石など自然の材料を使って護岸して、生き物がすめるようにする川づくりが行われるようになりました。こうした工事の方法を、**多自然型（近自然型）工法**といいます。

農業の分野でも、用水路や排水路で魚や貝などがすめるようにする事業が行われるようになりました。また、冬でも田んぼに水を張って生き物がすめるようにすることや、排水路から田んぼに魚が上れるように魚道をつけることなども行われるようになりました。

多摩川にもどってきたアユ

東京を流れる多摩川には、長い間、姿を消していたアユが、最近もどってきました。

アユは川で産卵し、ふ化した子どもは海に下ります。そして子どものうちは干潟のような浅い海でくらします。春になると若アユは川を上り、上流にたどりついて岩についたケイソウを食べます。アユがもどってきたということは、これらの環境すべてが回復したということです。

多摩川はよごれた川でしたが、川に流れこんでいた下水をすべて下水処理場で処理した結果、水がだんだんきれいになりました。

東京湾では**人工の干潟**がつくられ、アユの稚魚がすめるようになりました。また、川の堰に**魚道**が新しくつくられたことで、川に入った若アユが上流に上れるようになったのです。

↑多摩川の中流でも投網を打つと、1回で数十びきのアユがとれるようになった。写真は元川漁師の横田さん（4巻『川』32ページを見よう）。

←多自然型工法で緑の川岸がもどった多摩川（4巻『川』38ページ）。子どもたちが水際までおりて遊べるようになった。

↑兵庫県豊岡市で飼育されているコウノトリ。 　　　　　↑新潟県佐渡島で保護されていたトキ。

コウノトリとトキの野外復帰

　日本の**コウノトリ**は1971年、**トキ**は1981年に野外から姿を消しました。これは、**すみかだった林や、えさをとっていた湿田がなくなったり**したためです。でも、そのコウノトリとトキを野外にもどす計画が進んでいます。

　兵庫県豊岡市では、飼育しているコウノトリが繁殖して、2002年に100羽をこえたので、2005年にコウノトリの野外復帰を始めることを決めました。現在、豊岡市では地域まるごと博物館をつくってコウノトリがすめる環境づくりを行い、コウノトリが舞う農村づくりを進めています。

　トキは、2003年には39羽までふえたので、2010年ごろまでには野外復帰できそうな見通しです。だから、きみたちがおとなになるころには、野生のコウノトリやトキを田んぼで見ることができるようになるでしょう。

小中学生の役割も大切になってきた

　環境保全や環境復元の事業が行われるようになると、小中学生が大きな力を発揮し始めました。たとえば霞ヶ浦（茨城県）の環境復元計画「アサザプロジェクト*」では、小学生がアサザという水草の里親になってアサザを育て、湖に植える運動を行っています。

　また農業用水路の工事をするとき、そこにすんでいるメダカなどの魚や、トンガリササノハガイなどの二枚貝を水路から別の場所に移し、工事が終わってからもとの水路にもどすという**生き物の引っこし**を、小中学生が手助けしているところが多くなっています。

　みんなで力を合わせて、よりよい環境をつくり出すことができる時代になってきたのです。

➡霞ヶ浦にアサザを植える子どもたち。

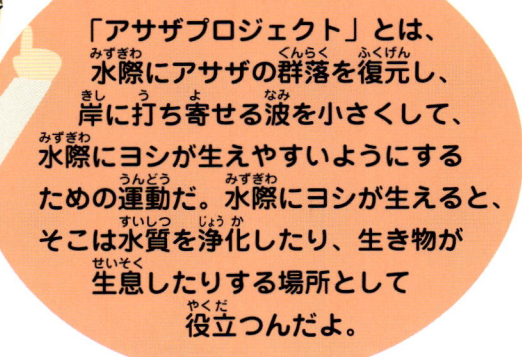

「アサザプロジェクト」とは、水際にアサザの群落を復元し、岸に打ち寄せる波を小さくして、水際にヨシが生えやすいようにするための運動だ。水際にヨシが生えると、そこは水質を浄化したり、生き物が生息したりする場所として役立つんだよ。

＊アサザプロジェクトについてもっとくわしく知りたい人は、NPO法人アサザ基金のホームページ（http://www.kasumigaura.net/asaza/）を見よう。

第6章 ふるさと学習の進め方

自然のさまざまな姿を学ぼう

住んでいる地域の環境を学習し、わたしたちの宝物を見つけよう。

歴史的な見方をしよう

この巻では、日本の自然の成り立ちを歴史的に見てきました。過去から現在までの道すじをたどってみると、自然がどのように成り立ってきたかがよくわかるからです。

しかし、歴史は過去をあらわすだけのものではありません。わたしたちも歴史の流れの中にいます。今までも田んぼをつくったり、堤防をきずいたり、干潟をうめ立てたりすることで環境とそこでくらす生き物たちの歴史に深くかかわってきました。そして、これからの歴史もつくろうとしています。歴史的な見方というのは、**現在も歴史の流れの一部で、現在は過去から未来へつなぐ輪の一つなのだという見方**です。

わたしたちがこれから進むべき方向を見定めるうえで、こうした見方が必要になります。

↓昔はたくさんあった東京湾の干潟もほとんどがうめ立てられた。この干潟から、昔の東京湾のようすをしのぶことができる。

盤洲干潟（千葉県木更津市）

アクアライン*

生き物とそのくらしを学ぼう

田んぼや畑の学習は、作物をつくることだけにしぼりがちです。でも、そこにはたくさんの生き物がすんでいます。害虫や雑草もたくさんいますが、害虫や雑草を食べる生き物（天敵）もいます。作物とは無関係に生きている生き物もいます。そしてこれらの生き物には、それぞれのくらしがあるのです。

これは川、海、里山、干潟の生き物がそれぞれのくらしをもっているのと同じです。だから**田んぼや畑の生き物**も、川、海、里山、干潟の生き物と同じように学びましょう。

人と環境、生き物との関係を学ぼう

田んぼや畑の生き物はもちろん、川、海、里山、干潟の生き物も、人とのかかわりの中で生きてきました。だからそれぞれの環境の生き物を知るためには、**人と環境、生き物との関係**を学ぶ必要があります。

人と環境、そして生き物との関係を見る見方は、**生態学的な見方**ということになります。人も生態系を形づくっている生き物の一つとして、同じように研究の対象とする見方です。

＊アクアライン＝東京湾横断道路の一部。

地域の環境を学ぼう

地域の環境を知ることは、わたしたちの宝物を見つけるうえでとても大切です。そのためには、次のようなことをやってみましょう。

①家の近くを探検してみる。
②地図を見る。
③古い地図を使って、地域のもともとの地形を調べ、その成り立ちをさぐる。
④古い地名をさがし出すなどして、地域のもともとの自然の姿や歴史をさぐる。

たとえば、神奈川県小田原市を流れる酒匂川。「酒が匂う川」と書くので、上流に養老伝説*が生まれました。しかし江戸時代に書かれた『相模風土記』には、「逆さ川」と書かれ、満潮になると川が海から上流に向かって逆さに流れるからだと説明があります。このことから、もともとの名前は、地域の自然の姿をよくあらわしていて、昔の人びとが満潮になると川が逆さに流れることに目をつけていたことがわかるのです。

このように古い地名を調べ、地域の昔の自然の姿を知りましょう。そして、昔の人が地域の自然をどのように見ていたのかを考えてみましょう。

ほかの地域との環境のちがいをくらべよう

地域の環境の特徴を知るためには、**ほかの地域の環境も調べ、くらべてみることが必要です**。そのためには、次のことをやってみましょう。

①学校では、ほかの地域の学校と交流する。
②家族で旅行する。

南の地域と北の地域とは、環境や生き物がちがいます。春休み、夏休み、連休などを利用して少し遠い場所まで旅行してみましょう。

行き先が決まったら、家族でその地域の地図を見て、どこが観察場所としてふさわしいかを決めましょう。

このシリーズでは、日本各地の身近な自然をとり上げます。自分たちの地域とは関係がないというのではなく、そうした自然を旅行をして体験学習してほしいのです。

そして、それぞれの地域の環境とくらべることで、**自分たちの地域の環境がもっている特徴**をつかんでほしいのです。ほかの地域とくらべるとはいっても、自分たちの地域とほかの地域のどちらがすぐれているかをくらべるわけではありません。自分たちの地域に、どうしてそうした特徴があるのか、その理由を見つけ出すためにくらべるのです。

←神奈川県小田原市を流れる酒匂川の河口。

*養老伝説＝病気の親に水を飲ませようと川に水をくみに行ったら、川の水がお酒に変わっていて、それを飲んだ親の病気が治ったというもの。日本各地にこのような伝説が残っている。

学校に博物館をつくろう！

　調べたことをまとめる場として、学校に博物館をつくりましょう。博物館は、**自分たちで調べたことをまとめて、それをみんなに伝える場**です。

　冬は外に出る機会が少ないので、標本を整理したり、調べたことを整理したりして、展示するのにはよい時期です。また、学年末は1年のまとめの時期でもあります。だからつくった標本や調べた結果をもちよって、学校に博物館をつくることは、1年間の総合学習をまとめるうえで、大きな役割をもつのです。

地域の特徴を出す博物館を

　きみたちの学校が海の近くにあったなら、学校につくる博物館は海の博物館ということになります。でも地域をよく見てください。海の近くにあるからといって、地域の環境は海だけではないはずです。かならずほかの環境とつながっているはずです。

　人のくらしでもそうです。海のそばだったら、漁で生活している人が多いでしょう。しかし、いろいろな仕事をしている人たちのつながりによって、地域は成り立っているはずです。きみたちがつくるのは、それらのつながりをしめす博物館ということになります。

　博物館をつくるには、**地域の特徴**をふまえ、自分たちの地域を**これからどうしていったらよいかをみんなで話し合い、そしてその結果をまとめる**という作業が必要になります。つまり博物館をつくるということは、自分が住んでいる**地域の文化のにない手**の一員になるということなのです。

地域づくりの運動に参加しよう！

　自分たちの地域をどうしていったらよいかを話し合ったら、きみたちの地域で行われている**地域づくりの運動**に参加しましょう。

　「変化する環境と生き物」（40〜41ページ）で述べたように、環境に対する考え方の変化が日本の環境を変えてきました。

↓調べたことを新聞にまとめる山形県戸沢村立角川小中学校の子どもたち。（角川小中学校の活動は6巻『里山』10、11ページ）。

↑盤洲干潟（千葉県木更津市）のクリーン作戦に参加する木更津市立金田小学校の子どもたち。金田小学校では毎年春に行われるこの地域の活動に全校生徒が参加している（金田小学校の活動は3巻『干潟』4〜11ページ）。

　人間はいろいろな失敗をしますが、失敗からいろいろなことを学ぶことができます。そして、その失敗をとりもどすこともできます。環境を悪化させてしまった失敗をとりもどす動きは各地で始まっていて、小中学生が参加している運動がふえています。**小中学生の力を必要**としているからです。

　地域づくりの運動に参加することによって、きみたちは自分が住んでいる**地域の文化をうけつぎ**、それを**改良**したり、**新たな文化をつくり出したり**して、それを**次の代に伝えていく役割**をになうことになるのです。

　地域づくりの運動に参加すると、学校で勉強したこと、この本で学んだこと、そして博物館をつくることで自分たちの考えをまとめたことなどが、ほんとうに役に立ちます。

学校の博物館を地域の博物館へ！

　地域づくりの運動が進んできたら、それをささえている人たちといっしょに、学校の博物館を**地域の博物館**にすることを始めましょう。

　学校の博物館を地域の博物館にする必要があるのは、自然の学習には体験が必要だからです。

　学校につくった博物館で体験学習できるのは、その一部にすぎません。この学習は「ふるさとをどうするのか」が中心テーマですから、自然とどうかかわってくらしていくのかを学ぶことが必要です。そのためには、**地域全体を体験学習の場**にする必要があります。

　もう一つは、地域の人も協力してこの課題にとりくむ必要があるからです。**自然とどうかかわってくらしていくのか**という課題は地域のこれからと深くかかわっているのです。

　それでは2巻以降で地域の宝物をさがしていきましょう。宝物を見つけていく過程や、それらをまとめ、自分の考えを発表するなかで、きみたちは**成長**していくのです。そして、そのことが地域に育てられるということなのです。

> 長い手紙を読んでくれて、ありがとう。それでは、2巻でまた会いましょう。

＊地域の特質を生かした博物館のつくり方、屋外展示と屋内展示のしかたはそれぞれの巻を参照しよう。

身近な自然でふるさと学習

全巻さくいん

●ここでは、1～7巻の重要語をとりあげました。
●数字は、語句のある巻数とページ数をしめしています。

あ行

青潮(あおしお)……………1巻－41、3巻－35
アオバズク……………7巻－25・35
アカガエル……………5巻－16・37・39
赤潮(あかしお)……………1巻－40、3巻－35
アカネズミ……………6巻－34・35
アカマツ林……1巻－36、6巻－14・31
亜寒帯(あかんたい)……………1巻－7
アキアカネ……………5巻－28・29
秋のため池の生き物………5巻－30
秋の田んぼの生き物……5巻－28
秋の干潟(ひがた)の鳥………3巻－30
アゲハチョウ…5巻－31、7巻－20・21
浅い水辺(みずべ)…1巻－26・29、4巻－18・34・37、5巻－16・34
アサザプロジェクト…………1巻－43
アサリ…3巻－7・12・13・18・26・28・31・32
アシナガバチ……………7巻－17・22
亜種(あしゅ)……………1巻－9・20・21
アズマモグラ……………1巻－20・21
畦(あぜ)きり……………5巻－14
阿蘇山(あそさん)……………1巻－24・25
暖かさの指数(しすう)……………1巻－7
亜熱帯(あねったい)……………1巻－7
アマサギ……………5巻－14
奄美大島(あまみおおしま)……1巻－7・8・15・37、3巻－22
アマミノクロウサギ……1巻－8・15
アマモ（類(るい)）…3巻－13・22・24・25
アマモ場にすむ生き物………3巻－25
アメリカザリガニ…3巻－21、4巻－25・39、5巻－35
アメリカシロヒトリ………6巻－40、7巻－17・22・23
アラレタマキビ……………2巻－16
アリマキ……………7巻－16
アルカロイド……………7巻－27
イカとタコの呼吸(こきゅう)……………2巻－33
石狩川(いしかりがわ)……………1巻－27
イソギンチャクの呼吸(こきゅう)……2巻－32
磯(いそ)の生き物……2巻－4・16・18・38
磯浜(いそはま)の植物………2巻－20・21・23

磯や砂底(すなぞこ)にすむ魚の呼吸(こきゅう)……2巻－33
稲刈(いねか)り…5巻－6・7・9・26・27・28・32・34
イネの生育(せいいく)……5巻－15・18・26
イネの天日干し……………5巻－26
イネの花……………5巻－18
イボイモリ……………1巻－8・15
イモリ……………4巻－36、5巻－24
イリオモテヤマネコ……1巻－8・15
ウスバキトンボ……………5巻－18・19
ウニ、ヒトデの呼吸(こきゅう)………2巻－32
海と干潟(ひがた)のちがい…………3巻－13
海鳥(うみどり)の潜水(せんすい)…………2巻－36
海の博物館(はくぶつかん)…………2巻－38
うめ立て……1巻－30・40、3巻－39
ウルム氷期……1巻－10・18・20・21
エコミュージアム……………7巻－39
エチレンガス……………7巻－26・27
エノキ……………4巻－35、6巻－21
エボシガイ……………2巻－30
塩水(えんすい)くさび……3巻－23、4巻－31
塩田(えんでん)……………1巻－31・40
塩分濃度(えんぶんのうど)…1巻－31、3巻－13・18・20・21・22
オイカワ…4巻－7・14・20・22・29
オオクチバス…4巻－37、5巻－25・37
オオサンショウウオ……………1巻－15
大潮(おおしお)……2巻－15・17、3巻－12・30
オオスカシバの幼虫(ようちゅう)……7巻－21・24
オオバコ……………7巻－30・31
オオムラサキ……4巻－35、6巻－21
大山田湖(おおやまだこ)……1巻－16、4巻－14
小笠原諸島(おがさわらしょとう)にすむ動物……1巻－9
オカダンゴムシ……………7巻－19
小川の生き物……………4巻－18
奥山(おくやま)……………6巻－14・15・40
桶(おけ)ケ谷沼(やとぬま)……………1巻－11
落ち葉かき…6巻－14・15・31・39、7巻－36
落ち葉の分解(ぶんかい)……………7巻－18
オニヤンマ……………6巻－25
親潮(おやしお)…1巻－7・34、2巻－13・21・23・24・25・30

か行

科(か)……………7巻－12
海岸植物園(かいがんしょくぶつえん)……………2巻－38
外骨格(がいこっかく)……………3巻－14
海藻(かいそう)…2巻－30・39、3巻－13・24・28・30・34
害虫(がいちゅう)…1巻－44、6巻－40、7巻－16・19・22・23・24・36
海綿動物(かいめんどうぶつ)……………2巻－18
海流(かいりゅう)……2巻－13・21・23・24・25・30・34、3巻－23
カエルの鳴き方……………5巻－17
カキの養殖(ようしょく)……………2巻－26・27
カケス……………6巻－35、7巻－34
河口(かこう)でくらす稚魚(ちぎょ)たち……3巻－20
河口干潟(かこうひがた)…1巻－28・30、3巻－6・18・20・23・35
かごマット工法(こうほう)……………4巻－38
ガザミ……3巻－14・15・29、4巻－25
カシ（類(るい)）…1巻－7・37、6巻－28・34・38、7巻－21
カシパン類(るい)……………3巻－27、4巻－15
化石(かせき)さがし………2巻－8、4巻－11
カタクリ……………1巻－22・23
潟湖干潟(かたこひがた)……………3巻－6
カニ…1巻－33、2巻－19・28・38、3巻－6・7・9・10・14・15・16・17、4巻－25・39
花粉(かふん)の量をへらした植物……6巻－15
カムルチー…4巻－30・31・37、5巻－22・23・24
カメ……………4巻－23、5巻－24
カメノテ……………2巻－17
カラスガイ……………4巻－14・19
刈敷(かりしき)……………1巻－36・37・39
夏緑広葉樹(かりょくこうようじゅ)……………6巻－13
夏緑広葉樹林帯(かりょくこうようじゅりんたい)……………6巻－12・13
川岸の植物……………4巻－12
川にいる鳥の役割(やくわり)…………4巻－34
川の博物館(はくぶつかん)……………4巻－38・39
河原(かわら)の植物……………4巻－27
環形動物(かんけいどうぶつ)…2巻－18、3巻－13、4巻－17

幹線排水路	5巻－22・23・24
幹線用水路	5巻－20・21
干潮	1巻－40、2巻－14・15・17、3巻－12・13・14・16・17・18・22
感潮域	3巻－19・23、4巻－31
干潮線	2巻－17・18、3巻－31
乾田	1巻－41、5巻－34・35
寒流	1巻－34、2巻－21・23・24・30
聞きなし	6巻－16
キジバト	5巻－34、6巻－16
寄生バチ	7巻－16・17
季節風	2巻－35、7巻－34
擬態	3巻－25
キノコ	6巻－30・31・32・33・38
急流	1巻－17、4巻－14・15・24
共進化	6巻－15
棘皮動物	2巻－19、3巻－13
魚道	1巻－42、4巻－5、5巻－37
切り返し	7巻－36・37
キリギリス	7巻－28・29
ギンヤンマ	5巻－25
空気呼吸	3巻－17、4巻－30・36・37
草地や低木の生えた場所にすむ鳥	6巻－41
クヌギ	1巻－37、6巻－14・20・21・28、7巻－21
クモ	7巻－22・25
クリ	6巻－9・34・35
黒潮	1巻－7・34、2巻－13・21・23・24・30
くろぬり	5巻－14
ケイソウ	3巻－9・16・17・28・29・30、4巻－14・15・30・34、5巻－17・35
下水処理	1巻－38・42
毛針釣り	4巻－29
源流	4巻－16
コアジサシ	3巻－8・31、4巻－27
降海魚	1巻－35
甲殻類	3巻－14・28、4巻－31
光合成	7巻－13
洪水	1巻－17・26・30・40、3巻－35、4巻－9・12・13・15・27・28・29・31・35
高水管理	1巻－40
腔腸動物	2巻－18、3巻－13、4巻－17
高等植物	1巻－11
コウノトリ	1巻－43
後背湿地	1巻－17・26・27・29・30・31、5巻－36
コウベモグラ	1巻－20・21
呼吸樹	2巻－32
小潮	2巻－15・17、3巻－31
小正月の飾り物づくり	5巻－38
コナラ	6巻－20・29・34・35
ゴマダラチョウ	6巻－21
コロガシ	5巻－19
ゴンドワナ大陸	1巻－14・16

さ行

栽培漁業	2巻－7
サイフォン	5巻－20
魚が利用できる田んぼ	1巻－26
魚の出現	3巻－21
魚の卵	4巻－24・25
魚のひれ	2巻－37、4巻－36
酒匂川	1巻－45
サクラソウ	4巻－12
サクラマス	1巻－35、4巻－21
ササ	6巻－36
砂州	4巻－7
雑草	1巻－44、2巻－20・21、3巻－18、4巻－27、5巻－34、6巻－22・23、7巻－14・15
サトイモ	7巻－4・5・9・10・32
里山のしくみ	6巻－14
里山のめぐみ	6巻－8・23・40、7巻－36・37
里山博物館	6巻－42・43
サンコウチョウ	6巻－16
山菜	6巻－4・5・18・19・23・32・33・38
産卵	1巻－26・27・35・41・42、4巻－9・24・25・37、5巻－18・23・25・28・29・39、7巻－24
シオカラトンボ	5巻－29、7巻－23
潮だまり	2巻－4・5・18
潮の満ち干	2巻－14・16・17
潮干狩り	3巻－7
シギ（類）	1巻－28・29・31、3巻－29・30、4巻－34、5巻－16
色素胞	3巻－37
シジュウカラ	6巻－16・41、7巻－17・22
自然堤防	1巻－17、5巻－36
支線排水路	5巻－22・23
支線用水路	5巻－20・21・22
下草刈り	6巻－15・23・31・32・33
湿地	1巻－17・29、3巻－22、5巻－35・36
湿田	1巻－41・43、5巻－34・35・39
シャコ	3巻－27
借景	6巻－27
樹液に集まる昆虫	6巻－20
種子の標本	6巻－26
子葉	7巻－15
承水路	6巻－24・25
小排水路	5巻－21・22・23
縄文海進期	1巻－28・29・30
照葉樹	6巻－12
小用水路	5巻－20・21・22
上流から運ばれた植物	4巻－12
常緑広葉樹（林）	1巻－7・22・23、6巻－12・14・19・28・29
常緑広葉樹林帯	6巻－12・13
植生	4巻－27、6巻－13
植生帯	6巻－12・13
植物プランクトン	1巻－32・33・34・38・41、2巻－28・29、4巻－31
食物連鎖	1巻－38・40、2巻－28、3巻－28、4巻－14・30・31・34
代かき	5巻－5・14
進化	2巻－12、3巻－21、4巻－36
神社の森	6巻－12、7巻－34・35・37・39
新田開発	1巻－30・31
浸透圧	3巻－19・20
針葉樹林（帯）	1巻－7、6巻－12
水質浄化	3巻－28・29・30・34・35、4巻－31・34
水生昆虫	1巻－27、4巻－14・15・16・21・28・29・34、5巻－18・19・29・30・35
水そうの設置のしかた	2巻－38
水中での生活を選んだ魚	4巻－37
スギ	6巻－14・15・23、7巻－35
スギナの根	7巻－15
すじ雲	2巻－34・35
スズメガ	7巻－24
砂の中にすむ生き物	3巻－12
砂浜の植物	2巻－6・7・22・23
砂や泥の中にすむ生き物	3巻－26

身近な自然でふるさと学習

炭焼き	6巻-15・32・33・39
すみわけ	3巻-16、4巻-20、7巻-29・30
生態系	1巻-44、4巻-35、7巻-22
精米	5巻-8・9・26・27
堰	1巻-40、4巻-4・5・22・32・34
積雪量	6巻-13・36
脊椎動物	2巻-12・19、3巻-21
赤道	1巻-6、2巻-14
節足動物	2巻-19、3巻-13・14
ゼンマイ	6巻-18・19
雑木林	1巻-22・23・36・41、6巻-14・19・23・31、7巻-4・36・39
草原にすむ生き物	1巻-24
増水	1巻-26、4巻-9・12・22・23
ソウ類	4巻-14・31、5巻-16

た 行

ダイコン	7巻-7・8・9・12・15
タイサンボクの花	7巻-13
たい肥	1巻-36、6巻-14・15・39、7巻-19・36・37
台風	4巻-9・26
大陸だな	1巻-19
田植え	5巻-4・5・14・15・16・29・32・33・35・37
田植え後の田んぼの生き物	5巻-16
田植え前の田んぼの生き物	5巻-16
田おこし	5巻-14
多自然型（近自然型）工法	1巻-42、4巻-38
脱穀	5巻-8・9・26・27
タナゴ類	4巻-19
種もみの準備	5巻-12
タマキビ	2巻-16
ため池	1巻-16・26・27、5巻-24・28・34
ダルマガエル	1巻-20・21、5巻-17
暖温帯	1巻-7・22・23
タンニン	6巻-39
タンニン酸	1巻-33・37・39、7巻-26
たんぱく分解酵素	7巻-27
田んぼ水族館	5巻-15・24・30・39
田んぼの環境調べ	5巻-36・37
田んぼ博物館	5巻-38・39
タンポポ	7巻-12・14
暖流	2巻-21・23・24・25・30・34
チッ素	1巻-34・38、3巻-28・29・34・35、4巻-14・34
チドリ（類）	1巻-28・29・31、3巻-29・30、4巻-34、5巻-16
抽水植物	4巻-12、5巻-21・23・24・25
蝶道	7巻-20
沈水植物	5巻-20・21・24
津軽海峡	1巻-9・18
対馬海流	1巻-7・19、2巻-21・23・24・30・34
ツチガエル	1巻-20・21
ツメタガイ	3巻-9・13・26・27
ツルグレン装置	7巻-19
低水管理	1巻-40
鉄分	1巻-32・33・37・38・39
天敵	1巻-44、7巻-16・17・19・22・23・24・25・37
投網	4巻-7・8・11・32、6巻-8
頭首工	5巻-20
動物の足あと	6巻-11・37
動物プランクトン	1巻-38、2巻-28・29
トキ	1巻-43
ドジョウ	4巻-30・37、5巻-22・35・39
土壌動物	7巻-18・19
トチの実	6巻-9・39
トノサマガエル	1巻-20・21、5巻-17
友釣り	4巻-21
鳥が運ぶ種子	6巻-26
鳥の虫とりの特色	6巻-16
泥染め	1巻-37
ドングリ	6巻-9・28・29・34・35・38・39
トンボ	1巻-11・27、5巻-15・24・28・29、6巻-25、7巻-23・25

な 行

内骨格	3巻-14
苗づくり	5巻-12
流されない体の構造	4巻-15
流されやすい生き物	4巻-23
流れがつくる川の構造	4巻-13
ナツアカネ	5巻-29
夏のため池の生き物	5巻-24
夏の田んぼに生える草	5巻-18
夏の田んぼの生き物	5巻-18
ナマコの呼吸	2巻-32
苗代	5巻-5・12・13・14
なわばり	4巻-21、6巻-25
軟体動物	2巻-19、3巻-13
ニセアカシア	4巻-35、6巻-21
日本の気候帯	1巻-7
二枚貝	1巻-43、2巻-8、3巻-13・23・26・28、4巻-19・31・34
ニンジン	7巻-6・8・32
ニンジンイソギンチャク	3巻-13・27
ヌマガエル	1巻-20・21
熱帯	1巻-33・34、2巻-25
のぞき	2巻-18・19、4巻-20
野道に生える草	7巻-30
野焼き	1巻-25・37、5巻-33
ノリの養殖	3巻-7・32・33

は 行

ハイギョ	1巻-14、4巻-36
排水路	1巻-41・42、5巻-22
バクテリア	1巻-41、4巻-30・31
ハグロトンボ	4巻-18、6巻-25
ハシビロガモ	2巻-9、5巻-34
ハス田	5巻-34・35
畑とまちの博物館	7巻-38
畑を守る森	7巻-4
バッタ	4巻-27、7巻-28・29
花炭	6巻-9
花の形による仲間分け	7巻-12
花びらの正体	7巻-13
ハマオモト	2巻-24・25
ハマオモト線	2巻-25
ハマナス	2巻-7・24・25
速く泳ぐ魚の呼吸	2巻-33
林を伐採した場所に生える植物	6巻-22
早瀬	4巻-7・20・22
春植物	1巻-22・23
春を待つ土の中の生き物	5巻-35
パンゲア（大陸）	1巻-14
盤洲干潟	1巻-44、3巻-4・6・

50

8・10・32	防火帯……………………6巻-22・23	ヤブツバキクラス域…6巻-12・19・22
半透膜……………………3巻-19	ホウネンエビ……………5巻-16・17	やぶにすむ鳥……………6巻-41
氾濫原……………………1巻-17	ホウレンソウ………7巻-7・32・33	ヤマトシジミ………3巻-23、4巻-34
ビオトープ水田…5巻-15・24・30・39	ホオジロ………5巻-34、6巻-16・41	山に木を植える運動………1巻-38・39
干潟のごみ調べ………3巻-9・39	北海道にすむ動物………………1巻-9	U字形の谷………………1巻-13
干潟の博物館・水族館……3巻-38	ホトトギス………6巻-16、7巻-22	有毒植物…………………6巻-19
干潟の変化………………3巻-39	本州、四国、九州にすむ動物……1巻-9	ユスリカ………4巻-30・31・34・35
干潟や砂底の海にすむ魚……3巻-36	梵天立て…………………3巻-32	養殖漁業…………………2巻-26
ヒガンバナ………………5巻-31		用水路…1巻-42、4巻-7、5巻-20・21・22
ヒキガエル………5巻-16、7巻-25	**ま 行**	幼生……2巻-28、3巻-23、4巻-19・24・25
ヒゲの長い昆虫……………7巻-28	前浜干潟………3巻-6・18・19・38	幼生プランクトン………2巻-28・29
ヒゲの短い昆虫……………7巻-28	マコモ………4巻-13、5巻-23・24	ヨシ…1巻-26・31・43、3巻-23、4巻-12・22・25、5巻-23・24、6巻-7
ひこばえ……………6巻-14・23	マツの花…………………7巻-13	
微生物…………7巻-18・36・37	丸石河原………………4巻-26・27	
ヒノキ………6巻-14・23、7巻-35	マングローブ……1巻-7・33・37・39、3巻-22・23	ヨシノボリ………4巻-19・20・22
ヒマラヤ山脈……………1巻-16・17		ヨトウガの幼虫……………7巻-24
氷河………1巻-10・11・12・13・19	満潮……1巻-40・45、2巻-14・15・17、3巻-13・17・18・22・23・29	ヨモギ……………………7巻-30
氷期……1巻-10・13・18・19・20・21・22・24・41、5巻-28		
	満潮線………2巻-16、3巻-30・31	**ら 行**
平瀬……………4巻-7・20・22	満潮と干潮のしくみ………2巻-14	落葉広葉樹（林）…1巻-7・22・36、6巻-13・14・19・28、7巻-35
ヒラタアブの幼虫…………7巻-16	三日月湖………………1巻-26・27	
琵琶湖……………1巻-16、4巻-14	水草………………4巻-18、6巻-25	ラテライト………………1巻-33・37
V字形の谷………………1巻-13	ミズナラ…1巻-7・39、6巻-28・29・34・35	ランソウ……………4巻-14・31
富栄養化…3巻-28・35、4巻-30・31・34		リアス式海岸………………2巻-4・5
	ミネラル…………1巻-32・34・38	陸上へ上がろうとした魚……4巻-36
富士山の噴火………………1巻-21	ミヤマカワトンボ…4巻-18、6巻-25	陸封魚……………………1巻-35
フジツボ…………………2巻-17		リス氷期………………1巻-20・21
淵……4巻-7・13・20・21・23・29	無脊椎動物……2巻-18、3巻-21・25、4巻-14	リン…1巻-34・38、3巻-28・29・34・35、4巻-14・34
ブナクラス域……6巻-13・19・22		
ふみつけに強い植物………7巻-31	ムラサキカタバミ……………7巻-15	鱗茎……………6巻-42、7巻-15
ふみつけに弱い植物………7巻-30	群れをつくって動き回る鳥……6巻-41	冷温帯……………………1巻-7
浮遊生活………………4巻-24・25	メジロ…6巻-16・27・41、7巻-34	レッドデータブック………1巻-41
浮遊卵……………………4巻-24	猛禽類……………………3巻-35	ローラシア大陸…………1巻-14・16
冬ごし……1巻-27・28、5巻-18、6巻-37、7巻-22	もみすり………5巻-9・26・27	
	モンシロチョウ……7巻-16・17・21	**わ 行**
冬の田んぼに来る鳥………5巻-34		わき水…4巻-7・9・16・23、6巻-24・25
冬の畑に来る鳥……………7巻-37	**や 行**	
冬芽……………………6巻-11・36	焼き畑……………………1巻-23	渡り鳥………3巻-30、7巻-22
浮葉植物………………5巻-24・25	屋敷林……6巻-40、7巻-20・25・33・34・35・37・39	わら細工………5巻-9・11・38
腐葉土……………7巻-18・36・37		ワラジムシ………………7巻-19
プラナリア…4巻-16・17、6巻-25	野鳥の観察………2巻-9、4巻-10	ワラビ……………6巻-18・19・23
プランクトン…1巻-34、2巻-17・28・29・30、3巻-23・29、5巻-35	谷津田…4巻-16、5巻-39、6巻-24・25	ワンド………4巻-4・5・7・23
	谷津干潟…………………3巻-39	
フルボ酸…………………1巻-39	ヤブツバキ………2巻-24、7巻-35	
ヘビトンボの幼虫…4巻-16、6巻-5・25		
扁形動物…………………2巻-18		

監修・著　守山　弘
東京農業大学客員教授・理学博士

1938年神奈川県生まれ。1960年東京教育大学理学部動物学科卒業。1963年同大学理学部化学科卒業。1969年東北大学大学院理学研究科博士課程修了。農林水産省農業環境技術研究所上席研究官を経て現在は東京農業大学客員教授、農業工学研究所特別研究員。

おもな著書

『自然を守るとはどういうことか』『水田を守るとはどういうことか』『生き物たちの楽園』(以上農文教)、『むらの自然をいかす』(岩波書店)ほか多数。

- ●企画　　　　　伊藤素樹(小峰書店)
　　　　　　　　岡村　洋(冬陽社)
- ●構成　　　　　岡村　洋(冬陽社)
- ●装丁・デザイン　木下容美子
　　　　　　　　熊谷千春
- ●レイアウト　　　篠原真弓
- ●編集　　　　　小林美香子(小峰書店)
　　　　　　　　渡部のり子・大澤秀一(冬陽社)
- ●編集協力　　　真壁直子
- ●イラスト　　　さかたしげゆき
　　　　　　　　中尾雄吉
　　　　　　　　人見倫平
　　　　　　　　マカベアキオ
　　　　　　　　中村頼子
- ●図版　　　　　小野　徹

写真撮影・提供

守山　弘/大類貞夫/齋藤正昭/冨樫哲雄/小松英紀/藤田則文/田村　満/山本つねお/平野伸明/井上　清/大澤秀一/渡部のり子/千葉県木更津市立金田小学校/スイス政府観光局/日本アセアンセンター/水産庁/北海道石狩市/山形県温海町/新潟県/静岡県磐田市/兵庫県豊岡市/香川県/熊本県/野生鮭研究所/鳥羽水族館/本場大島紬織物協同組合/NPO法人アサザ基金/コーベット・フォト・エージェンシー/オアシス

参考文献

「アニマ(昭和61年6月号特集―沖縄の自然と動物)」/「むらの自然をいかす」(守山　弘著・岩波書店)/「自然を守るとはどういうことか」(守山　弘著・農文協)/「水田を守るとはどういうことか」(守山　弘著・農文協)/「琵琶湖の自然史」(琵琶湖自然史研究会編著・八坂書房)/「日本列島をめぐる海」(堀越増興、永田　豊、佐藤任弘著・岩波書店)/「日本哺乳動物図説　上巻」(今泉吉典著・新思潮社)/「日本の平野と海岸」(貝塚爽平・成瀬　洋・太田陽子共著・岩波書店)/「日本の山」(貝塚爽平・鎮西清高共著・岩波書店)/「続・新田開発―事例編」(菊地利夫著・古今書院)/「水田の考古学」(工楽善通著・東京大学出版会)/「日本カエル図鑑」(前田憲男、松井正文共著・総合出版)/「さかなの森」(松永勝彦著・フレーベル館)/「河川の生態学」(水野信彦、御勢久右衛門著・築地書館)/「日本の気候」(中村和郎、木村竜治、内嶋善兵衛共著・岩波書店)/「房総の生物」(沼田　眞、大野正男共著・河出書房新社)/「ひばり(日本野鳥の会茨城支部報)No.208,7-11―1995年春・秋シギ・チドリ類調査報告」(大高由良著)/「日本の川」(坂口　豊、高橋　裕、大森博雄共著・岩波書店)/「第四紀」(成瀬　洋著・岩波書店)/「Deep-Sea Reseach,36(5),649-680」(Martin J.H.et al著)

身近な自然でふるさと学習①

日本の自然　豊かな生命あふれる地

NDC468　51P　29cm

2004年4月5日　第1刷発行
- ●監修・著　守山　弘
- ●発行者　　小峰紀雄
- ●発行所　　株式会社小峰書店　〒162-0066 東京都新宿区市谷台町4-15
　　　　　　電話 03-3357-3521　　FAX 03-3357-1027
- ●組版・印刷・製本　図書印刷株式会社

©2004　H.Moriyama Printed in Japan
乱丁・落丁本はお取り替えいたします。
http://www.komineshoten.co.jp/　ISBN4-338-19901-6